超简单
意大利餐

U0242148

日本主妇之友社　编著

孙中荟　译

中国轻工业出版社

在家也能

简单

快乐

美味

做出意大利餐！

祝你好胃口！

　　意大利餐的做法非常简单，所以即便是料理"小白"或工作繁忙的人，也可以享受制作美食的乐趣，并且能做得非常好吃。

　　在餐厅吃到的意大利餐自不必说，是很美味的。但是，在家里做意大利餐，能和家人、朋友一起购买自己喜欢的食材，享受制作美食的乐趣！

　　吃意大利餐时并不需要等米饭和菜全部摆齐后才能品尝，而是要一边喝葡萄酒或啤酒，一边品尝前菜。大家闲谈之后，觉得差不多该吃点意大利面时再慢慢上菜。

　　在家里若想舒适、放松一些，意大利餐是不二选择！

　　不管是烹饪还是聊天，从死板的生活中抽离出来，像意大利人那样充满活力、轻松豁达地生活吧！

　　希望这本书里的菜谱能让大家拥有享受美味的快乐时光。

CONTENTS

目 录

掌握这些，你就可以
成为意大利餐达人啦

意大利餐的基础知识

本书的使用方法

◉ 材料分为 2 人份和 4 人份，此为方便制作的
分量。

◉ 1 小勺为 5 毫升，1 大勺为 15 毫升，1 量杯
为 200 毫升。

◉ 蔬菜的处理方法从洗净、剥皮、去蒂等之后
的流程开始。

◉ 为保留鲜味，蘑菇也可以不洗，如果太脏需
要清理干净之后再使用。

◉ 微波炉火力有 500 瓦和 600 瓦之分，具体加
热时间请查看菜谱。

◉ 由于机型不同，微波炉和烤箱的加热时间也
不同，因此可以一边观察食物的状态，一边调整
加热时间。

主厨的菜单
教你制作名店的人气料理

1 厨具

对于意大利餐，即便没有特殊的工具，也能轻松地做出美味！在这里将给大家介绍在家烹饪意大利餐时，一些推荐比较多的厨具。

大锅和平底锅是最基础的组合

2 人份意大利面约需 2 升水
稍大一些的锅
煮意大利面需要充足的水，所以有必要准备稍大一些的锅。直径在 20 厘米以上、可以轻松装下 2 升水的锅比较合适。

直径 26 厘米的平底锅比较方便
平底锅
做完酱汁后需把意大利面放入锅内搅拌，因此选用稍大一些的平底锅比较好。制作炸猪排、意式水煮鱼时也需要用到平底锅。

可以用家里已有的厨具来做意大利餐！

锦上添花的厨具

推荐硅胶材质！
夹子
意大利面不容易粘在硅胶材质的夹子上。在平底锅中搅拌时用大号夹子，从大盘子里分食的时候用小号夹子比较方便。

分食短意面时
分菜勺
想要把短意面和酱汁一起盛到盘子里时，用大分菜勺比小勺更方便。此时应该选用深度适中的分菜勺。

不要浪费酱汁
硅胶饭铲
木制的虽然也不错，但搅拌有黏性的酱汁或刮酱汁时，还是硅胶材质的饭铲比较方便。硅胶产品也比较耐热。

想要把奶酪削得薄薄的时候
奶酪刨丝器

把一整块帕玛森奶酪用刨丝器削成屑，撒到做好的意面或汤上，会变得更好吃！如果没有奶酪刨丝器，也可以用萝卜刨丝器代替。

想要把奶酪削成蝴蝶结状时
水果削皮器
若想更有嚼劲，还可以使用水果削皮器来处理帕玛森奶酪（见第12页）。这样比用菜刀削得更薄、更美观。推荐摆在沙拉上作为装饰。

2 调味品

如果要制作意大利餐，最好准备一瓶橄榄油。若资金预算充足，可以补充一瓶醋。

最基本的调味品是"橄榄油"和"盐"

如果只选择一瓶橄榄油，推荐 EXV（特级初榨橄榄油）

橄榄油

橄榄油是通过榨取油橄榄果实得到的。制作热菜时可以用精炼橄榄油（图左）；制作沙拉或冷意大利面等没有加热工序的菜品时可选用品质较好的特级初榨橄榄油（图右）。若只选择一瓶，推荐使用特级初榨橄榄油。

选择富含矿物质的粗盐

盐

比起咸味强烈触感细腻的精制盐，富含多种矿物质、味道温和的自然盐（岩盐、海盐）更能激发食物本身的味道。若没有意大利产的高级食盐，可用身边能买到的粗盐代替。

对吃比较讲究的人也来试试醋吧！

浓厚并具有独特的甜味和芳醇

黑葡萄醋

浓缩葡萄汁发酵熟成之后的产物。在熟成过程中，把醋转移到多种材质的木桶里，醋也会染上繁复的香味。根据熟成时间的不同，价格也是不一样的，因此可以先选择一瓶价格适中的醋。

清爽水果味

葡萄酒醋

葡萄酒发酵熟成之后的产物。和日本的醋相比，葡萄酒醋没有那么甜，口感清爽并带有水果味。红酒醋的酸味比较温和，白葡萄酒醋的酸味则比较冲。

Q 葡萄酒醋不能用其他醋来代替吗？

A 可以用家里现有的醋或柠檬汁来代替。

因为葡萄酒醋也是醋的一种，所以即使菜谱中出现的是手边没有的葡萄酒醋，我们也可以用米醋、谷物醋或柠檬汁来代替。黑葡萄醋的代替品比较难找，如果有是最好的，没有也无妨。

3 意大利面

让我们来区分长意大利面和短意大利面吧！

一般来说，搭配浓厚酱汁会选用粗一些的意大利面，而做冷意大利面时则会选用细面。短意大利面造型丰富多样，大家可以根据自己的喜好来选择！

越粗煮的时间越长——长意大利面

状似中国手工面条
细长面

阔条面

这些面条宽 5~10 毫米，以手工意大利面而被人熟知。通常稍细一些的被称为细长面，粗一些的被叫做阔条面，适合与肉酱、奶油系的酱汁搭配食用。

冷意大利面就选它！
天使面

"天使的发丝"指的就是这种极细的意大利面。天使面煮的时间比较短，碰上热热的酱汁很容易涨，因此比较适合被做成冷意大利面。冷却之后的天使面更可口。

日本最流行
意大利实心粉

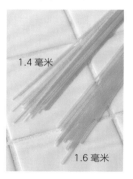

1.4 毫米

1.6 毫米

直径在 1.4~2.2 毫米。不管加什么酱都很好吃，因此是很受喜爱的长意大利面。

软糯的口感让人喜爱
扁意大利面

虽然外观和实心粉很像，但是扁意大利面的断面是椭圆形的，并且口感比较软糯、富有弹性。扁意大利面和浓厚的酱汁是天作之合，在扁意大利面里加入热那亚酱是不二选择。

长意大利面
分量确认！

把长意大利面紧紧收拢成圆柱状来确定分量吧。

直径约 2 厘米

1 人份 100 克

直径约 3 厘米

2 人份 200 克

短短的、形状各式各样——短意大利面

长得像笔尖
斜管面

把通心粉的两端切成斜面所得。有条纹的斜管面称为长通心粉，相比于单纯的斜管面，长通心粉更容易裹上酱汁。

螺旋状更容易裹上酱汁
螺旋面

因为面扭曲成螺旋状，所以能更容易地裹上酱汁。比较有嚼劲，适合搭配鱼或肉类等味重的酱汁。

圆圆的车轮形状
车轮面

除了和浓厚的酱汁搭配食用之外，由于用勺子吃起来比较方便，也经常用于煮汤或炖菜。

蝴蝶形状很可爱
蝴蝶面

除了和橄榄油类、奶油类的酱汁搭配食用之外，由于形状可爱，也经常被拌进沙拉。但因为蝴蝶面中心与两端的厚度不同，所以煮的时候需格外注意。

Q 短意大利面适合在什么情况下吃呢？

A 在人数较多的派对上做短意大利面更方便哦！

短意大利面不像长意大利面那样容易粘在一起，只要放在大量的水里煮即可，因此家里人多的时候比较适合吃短意大利面。除此之外，短意大利面不易随时间的流逝发涨，分食起来比较方便。本书中所介绍的长意大利面的做法也同样适用于短意大利面哦！

方便分装　随时间流逝不易发涨

容易裹上酱汁　方便食用

下次的家庭聚会就决定选短意大利面啦！

说到意大利餐就会想到的食物

经典食材

为想要享用正宗意大利餐的你准备了以下食材，希望你能够尝试一下。这些食材能让菜品变得更鲜或加强酸味，所以食物会变得更好吃、酒也会变得更好喝。

用美味的番茄来代替调味品吧！

干燥的果实
番茄干

这是给番茄加盐风干之后的产物。泡软后切碎可以加到意面、沙拉或汤里。如果是用油腌渍的番茄干，不用泡发，直接切碎使用即可。

炖煮之后浓缩的美味
番茄膏

将新鲜番茄过筛后煮干水分制成。没有经过调味的番茄膏味道也很浓，只需一点就可以让酱汁的味道更有层次。如果没有这种番茄膏，也可以选用市面上的番茄沙司，甜味可能会比较重，也能达到同样的效果。

在意面或汤里加入
番茄罐头

碎番茄丁

整番茄

整番茄的罐头一年四季都可以买到，番茄罐头酸酸甜甜滋味很好。整番茄可以切碎使用，碎番茄丁可以直接使用。除了罐头，还有纸盒包装的。

Q 番茄干要怎么泡发？

A 泡在水里后用微波炉加热比较方便

把番茄干放在耐热容器里再注水没过，盖上保鲜膜后放入微波炉加热。在火力600瓦的情况下，两个大番茄干需加热30秒左右。番茄泡发变软后就可以切成自己喜欢的大小啦。

可以当作下酒菜的熟成肉

浓缩美味的生培根肉
意式风干五花肉
猪五花肉用盐腌渍后风干熟成的产物。可采用和培根一样的吃法。市面上还有切成块状、棒状、片状进行售卖的，有些还会被打上"生培根"的标签出售。

大受欢迎的聚会前菜
生火腿
生火腿是猪肉（主要是猪腿肉）经过盐渍、干燥后的熟成肉。除了切成片放在面包、奶酪上吃之外，也可与蜜瓜、无花果等有甜味的水果一起吃，更能品尝到咸鲜味，非常美味。

能够改变味道的"油 / 盐 / 醋腌食品"

风味独特的花蕾
续随子

这是把续随子的花蕾用醋或盐腌渍之后的产物（图片是用醋腌渍制成的）。具有独特的风味，比较有嚼劲，适合搭配三文鱼等鱼类一起吃。如果是盐渍品需要洗过之后再食用。

未熟的时候是绿色，成熟之后是黑色
橄榄

这是盐渍的橄榄。绿色的橄榄是未成熟的，会散发出香味，黑色的橄榄已经成熟，果实会变软，口感也较温和。市售橄榄有带核、去核以及切片之分。

油渍品
鳀鱼罐头

由盐渍的鳀鱼发酵、熟成之后油渍而成。市面上的鳀鱼有装在罐头或瓶子里出售的。只需一点就能激发料理的美味，有了它，我们做饭的能力会飞速提高。

虽然很想买来试试,但能用完吗?

加工食品是比较好保存的。如果是金属罐头，开封后要转移到密封的容器里；如果是瓶装罐头，使用过后拧紧瓶盖就可以了。放在冰箱里保存的情况下，鳀鱼和续随子可以保存一两个月，橄榄可以保存一两个星期。

· 续随子和橄榄需要泡在原液里。
· 如果把鳀鱼放在冰箱里保存，由于油脂凝固会有发白的现象，但并不影响食用。

意大利餐中经常使用的其他食材

拥有最棒香味的蘑菇
牛肝菌

这是意大利最具代表性的蘑菇。像干香菇那样，料理时使用用温水泡发后的原汤。牛肝菌非常适合搭配奶酪、奶油等，做意面或烩饭时是很好的选择。

在意大利很有人气
白芸豆

白芸豆味道温和，很适合做沙拉、汤以及炖菜。意大利人在做蔬菜浓汤时经常会使用白芸豆。如果使用的是水煮白芸豆，要先沥干再使用。

热那亚青酱的必需品
松子

松果里包裹的松子是热那亚青酱必不可少的一味食材。松子富含维生素与矿物质，由于油脂较多，松子很容易氧化，所以开封后应尽快使用或冷冻保存。

5 奶酪

除了意大利面或料理，还可以加在点心里

意大利的奶酪历史悠久，口感和浓度也因品种的不同而千差万别。

令人上瘾的、长着蓝纹的奶酪
戈贡佐拉奶酪

因为硬度高，所以弄碎了食用
帕玛森奶酪

经过很长的熟成时间，美味和咸味浓缩之后形成了硬度较高的帕玛森奶酪。市面上卖的粉状奶酪虽然使用起来比较方便，但是最好还是购买整块的，用的时候根据分量磨碎。这是能让人上瘾的美味呀！

和法国的洛克福奶酪、英国的斯蒂尔顿奶酪并称为世界三大蓝纹奶酪。用青霉菌发酵熟成的戈贡佐拉奶酪具有独特的刺激性香味，这是它最大的特征。适用于意大利面的酱汁（见第 49 页）。

Q 用剩的奶酪要怎么保存呢？

A 垫上纸冷藏，可以保存很久哦

为了防止奶酪变干燥，我们要把它放在冰箱的冷藏室里保存。把硬质奶酪放在铺有厨房纸巾的硬质密封容器里保存后，纸会吸收多余的水分，使奶酪保持在一个稳定的湿度环境中，这样就可以保存很长时间啦。

推荐用于甜点
马斯卡彭奶酪 / 里科塔奶酪

里科塔奶酪

马斯卡彭奶酪

马斯卡彭奶酪是作为制作提拉米苏的材料而出名的柔软奶酪。里科塔奶酪口感较清爽，并且具有低脂肪、低热量的特点。可以直接在里科塔奶酪上淋蜂蜜当作甜点食用。

可以加进卡布里沙拉和比萨上
马苏里拉奶酪

原本马苏里拉奶酪是由水牛奶制作而成，但现在基本上都是用牛奶制作的。体积上也有适口大小的马苏里拉奶酪。除了保持生的、新鲜的状态直接加入卡布里沙拉食用外，也可以加在比萨上，加热化开后享用。

可以增添新鲜香味和色彩

香草

新鲜的香草拥有柔和的绿色色彩和香气，可以帮助我们做出意大利风情的料理！
首先从罗勒开始尝试吧！

适合新手使用的两种

择下叶子使用
罗勒和欧芹香味浓烈，料理时一般选择择下柔软的叶片使用。剩下的茎一般在煮汤或炖菜时作为香料。

比芹菜味道更温和
欧芹（平叶欧芹）

与皱叶欧芹不同，欧芹的叶子没有皱在一起，反而很舒展。气味较温和，也没有苦涩味，所以可以放心大胆地使用。常用做法为择下叶子切碎后加在意大利面里增加香味。

可以加入到所有料理中的万能选手
罗勒

广泛用于意大利面、比萨、沙拉的是叶片较大、香味温和的甜罗勒。由于长时间加热后罗勒的香味会变淡，因此可以选择直接使用不经处理的罗勒叶或最后在热菜里加入点缀。

(除此之外还有这些香草)

鼠尾草　　　　迷迭香

芝麻菜　　　　百里香

鼠尾草在意大利经常用于绞肉料理；迷迭香香味浓烈，可以消除肉或鱼的腥味。芝麻菜味道温和，加入到沙拉中深受人们喜爱；而百里香气味清爽，适合与鱼肉一起料理。

 若新鲜香草用不完怎么办？

 可以把香草放入湿润的密封容器中或把香草风干。

如果放入垫上湿润厨房纸巾的密封容器里，可以保存一天（但是罗勒叶打湿后会发黑，所以并不适用于这种方法）。

也可以将多种香草混合在一起保存。

或择下叶子放在厨房纸巾上，不盖保鲜膜，直接放入微波炉加热，让水分蒸发，这样就可以得到干香草啦。

由于迷迭香容易栽培，我们经常可以在住户的庭院里见到它们的身影。

让我们来多了解一下意大利餐吧!

料理用语

虽然听过别人说意大利语,但是并不明白其意思。
为了帮助有同样烦恼的朋友,这里将解说使用频率较高的意大利料理用语!

关于"吃"的意大利语

随着意大利餐厅多了起来,我们接触意大利语的机会也逐渐变多了。下面列出的都是经常使用的意大利语,当你感到疑惑时可以来这里寻找答案。

- aqua 水
- aglio 大蒜
- alioli 蒜泥蛋黄酱
- al dente 有嚼劲
- vino bianco 白葡萄酒
- vino rosso 红酒
- olio 油
- caffè 咖啡
- contorno 副菜
- salsa 酱
- gelato 冰淇淋
- spinaci 菠菜

- spumante 起泡白葡萄酒
- trattorĕa 大众餐厅
- bar 可以饮酒的咖啡屋
- pizza 比萨
- pizzaeria 比萨店
- frittata 菜肉蛋卷
- fritto 油炸食品
- prosciutto 生火腿
- pepperoncino 辣椒
- pomodoro 番茄
- vŏngole 蛤蜊
- ristorante 高级饭店

Q 为什么套餐里不含比萨呢?

A 比萨应该在专门的比萨店吃。

在意大利,专门的比萨店被称为"pizzaeria"。从饼皮开始就手工制作,并且由专门的师傅烤制而成。比萨比较亲民,是能够轻松享用的快餐食品。因此比萨并不会被列入高级餐厅的套餐里。

意大利餐的套餐

在餐厅享用意大利餐时会遵循如下流程。如果在家里聚餐,也可以参考!

antipasto

这个意大利语词汇的意思是"吃饭之前",即前菜。作为套餐的开始,通常是分量比较少的一小碟。其中酸咸鲜香、色彩丰富、易增强食欲的种类比较多。

primo piatto

"第一盘菜"的意思,是前菜和主菜之间的料理。一般来说会上意大利面、烩饭或汤,有时也会上加了土豆团子的料理。

secondo piatto

"第二道菜"的意思,即主菜。一般来说是鱼料理或肉料理。

formaggio

指奶酪。在主食之后,甜点之前,如果觉得自己还能吃得下就可以点一份。

dolce

甜点。甜点之后的咖啡一般是苦味较重的浓咖啡。

Part 1

橄榄油类、番茄类、奶油类……
掌握基本知识后就可以融会贯通啦！

意大利面

说到意大利餐，无论如何都离不开"意大利面"。
我们将学习如何煮出最标准的意大利面！
从简单的辣味大蒜橄榄油意大利面，到手工意大利面、土豆团子，让我们来制作一盘午餐分量的意大利面吧。
还可以在变化多样的短意大利面世界里自由徜徉！

料理"小白"
要注意啦！

做出美味意大利面的诀窍

在这里将介绍如何做出最受欢迎意大利面的五个诀窍（即做热意面的基本方法）。只要照着这个方法做，即使是料理"小白"也不会失败，都能做出美味的意大利面。

诀窍 1

一般来说 2 人份的意大利面为 200 克，需要加水 2 升、食盐 20 克（水量的 1%）

食盐可以和水一起加入

为了不让意大利面粘在一起，每煮熟 100 克意大利面需要 1 升水。食盐是为了给意大利面调味，分量大约是水量的 1% 即可。

往沸水里加盐时可能会溅到自己身上，所以可以在加热之前就往水里加盐（有人认为盐会提高水的沸点，因此将水煮沸会花更多时间，但事实上并没有太大区别）。

20 克盐是 4 小勺，150 克意大利面需要 1.5 升水和 15 克盐（1 大勺）。

等水烧开期间，我们就可以着手准备制作酱汁的食材了！

水烧开需要一定的时间，这个期间让我们来切制作酱汁所需的食材吧！

诀窍 2

在意大利面煮熟之前做好酱汁

在煮意大利面之前制作酱汁

把切好的食材炒一炒、煮一煮，将意大利面煮熟后，只需把意大利面和酱汁搅拌到一起即可，这样就会很省心。

煮意大利面的同时可以做酱汁吗？

煮熟意大利面需要七八分钟。如果有把握在这期间做好酱汁，也可以同时进行。

但是，如果面煮熟了酱汁还没做好……

这样面会变坨，影响口感。所以只要料理"小白"们先做好酱汁，一般来说是不会出问题的。等熟练掌握了做意大利面的技巧，也可以尝试同时进行。

嚼劲是意大利面的精髓

说到意大利面的嚼劲，是指面条中心还保留一丝硬度的口感。意大利人会感叹，"吃没有'芯'的意大利面不如去死"。所以煮意大利面时要稍微保留一点硬度，和酱汁搅拌在一起吃的时候，最理想的状态就是意大利面还保留着弹牙的嚼劲。

诀窍 3

煮长意大利面的时间可以比包装上的建议时间缩短一两分钟

打开计时器

如果包装上写需要煮 9 分钟，计时器可以设定为 8 分钟，手速比较慢的人可以设定为 7 分钟。不过，短意大利面请按照包装上的时间来操作。

计时器是必不可少的

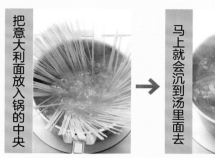

把意大利面放入锅的中央

马上就会沉到汤里面去

把意大利面放到锅中散开后，面会迅速沉到热水里，为了不粘锅，需要搅一下。

诀窍 4

煮面剩下的汤可以用来调整酱汁的浓稠度。不要忘记准备盛面用的餐具

盛出一些煮面汤

有咸味的面汤可以用来调整酱汁的量。盛出 1/4~1/2 量杯的面汤。

面汤对于酱汁来说咸淡刚好。

先加热餐具

如果用来盛意大利面的盘子是凉的，面也会快速变凉。比较方便的方法是用面汤来加热餐具。

诀窍 5

意大利面煮好后要在 1 分钟内裹上酱汁，盛到盘子里

到时间后马上把意大利面转移到漏勺沥干

和酱汁一起搅拌

用面汤来调整浓稠度

要快哦！真令人紧张！

计时器响后，立即把意大利面沥干，放入有已炒好酱汁的平底锅里。快速搅拌以保留面条弹牙的口感，观察面条的状况，若感觉太干，可用面汤来调整一下，然后就可以盛到盘子里。

1 人份
496 千卡

制作时间
20 分钟

掌握最基本的用橄榄油、大蒜和
辣椒制成的简单意大利面

辣味大蒜橄榄油意大利面

材料【2 人份】

意大利实心粉⋯⋯200 克
大蒜⋯⋯1 瓣
干辣椒⋯⋯1 个
橄榄油⋯⋯2 大勺
酱油⋯⋯少许
盐⋯⋯适量

1  准备材料

干辣椒去蒂去子。
大蒜压碎（参照下图）。

大蒜的处理方法

压碎→切片→切末，越碎蒜味越浓，可以依照自己的口味选择处理方式。

 压碎

 切片

用木铲在蒜瓣上使劲按压。压碎后去芽。

一瓣蒜切成两半去芽之后，从一端开始切片。

 切末

一瓣蒜一分为二去芽，先竖着切，记住不要切断，再横着切两三刀，最后切末。

不要忘记去掉大蒜的芽哦！

---

2  制作酱汁

平底锅中放入橄榄油和大蒜，稍微倾斜平底锅，用中小火加热。待香味出来，且大蒜变透明后，就可以熄火加入辣椒了。

 由于大蒜容易焦，故先放油再放大蒜。

3  煮面

锅中加入 2 升水、1 大勺多盐（4 小勺），煮沸。煮面时间设定得比包装上的时间短一两分钟，中途取出 1/4 量杯面汤。

4  把面条拌进酱汁

煮好后将面条沥干，加入步骤 2 的平底锅中。

观察面条的状态时可以加入面汤调整，最后加入酱油搅拌。

 酱油是隐藏的味道！

 增加了鲜味，让面条变得更美味。

1 人份
527 千卡

制作时间
20 分钟

面汤可以用来煮圆白菜，非常方便。
蔬菜的甘甜和鳀鱼的咸鲜是绝配！

圆白菜鳀鱼意大利面

材料【2 人份】

意大利实心粉……200 克
圆白菜……200 克
大蒜……1 瓣
干辣椒……1 个
鳀鱼……3 条
橄榄油……2 大勺
盐……适量

① 准备材料

圆白菜切成大块后用手弄散。
大蒜压碎。干辣椒去蒂去子。

② 制作酱汁

将橄榄油和大蒜加入平底锅内，用中小火加热，待香味出来后即可熄火。加入辣椒和鳀鱼，用铲子将鳀鱼戳碎。

鳀鱼不用切也没事吗？

即便不用菜刀切，鳀鱼遇到热油后也会自然散开。

③ 煮面

锅中加入 2 升水、1 大勺多盐（4 小勺），煮沸。煮面时间设定得比包装上的时间短一两分钟，中途取出 1/4 量杯面汤。

④ 加入圆白菜

在面条煮熟的前 1 分钟加入圆白菜，稍微搅拌一下。

煮过后的圆白菜在平底锅内能更均匀地受热。

⑤ 把面条拌进酱汁

煮好后把面条和圆白菜一起沥干，加入步骤 2 的平底锅中。

观察面条的状态决定是否加入面汤搅拌。

1 人份
531 千卡

制作时间
20 分钟

具有满满贝类鲜味的极品酱汁，
即便是料理"小白"也能做出的美味

白葡萄酒蛤蜊意大利面

材料【2人份】

意大利实心粉……200克
蛤蜊（带壳）……350克
大蒜……1瓣
干辣椒……2个
橄榄油……2大勺
白葡萄酒……2大勺
盐、胡椒碎……各少量
小葱……4根
盐……适量

准备材料

把蛤蜊放入盐水（1量杯水加1小勺盐）中浸泡30~60分钟吐沙。采用相互摩擦的方法将壳洗净，沥干。
大蒜切末。干辣椒去蒂去子切小段。

制作酱汁

平底锅中加入橄榄油、大蒜和辣椒，小火慢慢加热。加入蛤蜊和白葡萄酒，盖上锅盖转中火，待蛤蜊全部开口后，拿掉锅盖，熄火。

煮面

锅中加入2升水、1大勺多盐（4小勺），煮沸。煮面时间设定得比包装上的时间短一两分钟，中途取出1/4量杯面汤。

把面条拌进酱汁

煮好后将面条沥干，加入步骤2的平底锅中。观察面的状态，适当加入面汤，用盐和胡椒碎调味。撒上切好的葱花稍加搅拌即可出锅。

如果蛤蜊加热时间过长，肉质就会变硬，因此蛤蜊一开口就要马上拿掉锅盖并熄火！

蛤蜊的肉质很柔软。

如果加入蛤蜊时将番茄罐头一起加入，就会变成红蛤蜊意大利面。

满满的柠檬汁，具有清爽口感，
处理章鱼时一定要迅速

章鱼欧芹意大利面

材料【2 人份】

意大利实心粉……150 克
水煮章鱼……250 克
柠檬汁……1 大勺
欧芹……4 根
大蒜……1 瓣
橄榄油……2 大勺
盐……1 大勺

做法

1 章鱼切成适口大小，拌上柠檬汁。

要点

柠檬汁可以去除章鱼的腥味
用稍多一些的柠檬汁来处理章鱼，不仅可以去除章鱼的腥味，还能让章鱼肉变得更爽口。

2 欧芹取叶片粗略切成末，大蒜切末备用。

3 平底锅中加入橄榄油和大蒜，小火加热，待大蒜变色后，加入步骤 1 的章鱼和欧芹，中火翻炒。

4 锅中加入 1.5 升水、1 大勺盐，煮沸。煮面时间设定得比包装上的时间短一两分钟，中途取出 1/4 量杯面汤。

5 煮好后，捞出面条加入步骤 3 的平底锅中。观察面的状态，适当加入面汤，迅速搅拌。

1 人份	制作时间
545 千卡	20 分钟

由于水煮章鱼已经过加热处理，所以稍微炒一下即可。如果是生章鱼，炒制时间长一些也无妨。

1 人份	制作时间
751 千卡	20 分钟

秘诀在于用带咸味的煮面汤来煮猪肉。
香喷喷的烤蘑菇美味满满！

猪肉蘑菇意大利面

材料【2 人份】

意大利实心粉……200 克
香菇……1 包
切片猪里脊肉……150 克
大蒜……1 瓣
干辣椒……1 个
水芹……1 束
橄榄油……2 大勺
酱油……1/2 大勺
帕玛森奶酪、粗磨黑胡椒、盐
……各适量

做法

1 香菇去蒂切片。猪肉切成适
  口大小。大蒜压碎，干辣椒
  去子。水芹去叶，把茎斜切
  成三四厘米。

2 平底锅中加入橄榄油、大蒜、
  香菇，用中火加热至食材变
  色，熄火加入干辣椒。

3 锅中加入 2 升水、1 大勺多
  盐（4 小勺），煮沸。煮面
  时间设定得比包装上的时间
  短一两分钟，中途取出 1/4
  量杯面汤。

4 捞面的前 1 分钟，加入猪肉，
  用筷子搅散。

5 煮好后，将面和猪肉一起捞
  出加到步骤 2 的平底锅中。
  加入水芹茎和面汤，从锅边
  淋入酱油。盛出后，撒上水
  芹叶、刨皮器削出的奶酪片
  以及黑胡椒即可。

要点

猪肉在煮的时候弄散
放入大量热水中后，就可以轻松
地弄散猪肉了。由于面汤中有盐，
猪肉也会自然而然地浸入咸味。

口感好，非常满足！

25

有了罐头不管什么时候都很方便！
油渍沙丁鱼和日式食材味道也很相适

油渍沙丁鱼意大利面

1 人份	制作时间
563 千卡	20 分钟

材料【2 人份】

意大利实心粉……150 克
油渍沙丁鱼罐头……1 个
小葱……4 根
大蒜……1 瓣
橄榄油……1 大勺
酱油……1 大勺
柴鱼片……5 克
盐……1 大勺

做法

1 小葱斜切过水沥干。大蒜切末。

2 平底锅中加入橄榄油、大蒜、沥干油的沙丁鱼，小火加热，翻炒至大蒜变色。

要点

沙丁鱼沥油后再加入炒锅中
建议将沙丁鱼的油沥干后再放入锅内，这样更能突出橄榄油和大蒜的香味。

3 锅中加入 1.5 升水、1 大勺盐，煮沸。煮面时间设定得比包装上的时间短一两分钟。

4 煮好后捞出面条，趁面条还处于滴落汤汁状态时加入步骤 2 的平底锅中。用酱油调好味后盛到盘子里，撒上柴鱼片和切好的小葱，根据个人喜好还可加一些七味辣椒粉。

油渍沙丁鱼是将去除头部和内脏的沙丁鱼加热后浸入油中制成，和切片柠檬或洋葱圈拌在一起也很好吃。

莲藕的口感与这道菜很相适，可以尝试一下。
如果不能吃辣，可改用咸口的鳕鱼子

鳕鱼子莲藕意大利面

材料【2 人份】

意大利实心粉……200 克
芥末鳕鱼子……80 克
黄油……1 大勺
橄榄油……1 大勺
莲藕……100 克
盐……适量

做法

1　用刀划开鳕鱼子上的膜，将鱼子捋
　　出来。碗中加入黄油、橄榄油和鳕
　　鱼子，用叉子搅拌。

要点

用菜刀捋出鱼子
按住薄膜，用刀刃
或刀背划过就可以
轻松地捋出鱼子了。

2　莲藕切片，快速焯一下，沥干。

3　锅中加入 2 升水、1 大勺多盐（4
　　小勺），煮沸。煮面条和莲藕时间
　　设定得比包装上的时间短一两分钟，
　　中途取出一两大勺面汤。

4　煮好后捞出面条和莲藕，加入步骤
　　1 的碗中搅拌。若太干、不好搅拌，
　　可加入面汤，不够咸的时候加盐。
　　盛出后可依个人喜好添加切成丝的
　　青紫苏。

黄油太硬了不好
搅拌……

就算搅拌的时候黄油没有完全化
开也没关系，添加到热意大利面
里后自然会化开，不要担心！

1 人份	制作时间
562 千卡	20 分钟

1 人份
658 千卡

制作时间
20 分钟

番茄、罗勒、马苏里拉奶酪不仅适合
比萨，也适合意大利面哦！

玛格丽特风意大利面

材料【2 人份】

意大利实心粉……200 克
番茄罐头（碎番茄丁）……200 克
马苏里拉奶酪……1 块
罗勒……1 枝
大蒜……1 瓣
橄榄油……2 大勺
盐……适量
砂糖……1/2 小勺

1 准备材料

将马苏里拉奶酪掰成
适当大小。
罗勒取叶。大蒜压碎。

2 制作酱汁

平底锅中加入橄榄油
和大蒜，中小火加热，
待香味出来后加入番
茄罐头，慢慢熬制。

加入1/4 小勺盐和砂糖，
搅拌均匀。

砂糖可以补充甜
味，缓和酸味。

3 煮面

在锅中加入 2 升水、1
大勺多盐（4 小勺），
煮沸。煮面时间设定得
比包装上的时间短一
两分钟，中途取出 1/4
量杯面汤。

4 把面条拌进酱汁

煮好后将面条沥干，
加入步骤2 的平底锅
中。观察面条的状态，
加入面汤调整。

5 加入奶酪

加入马苏里拉奶酪搅
拌，利用平底锅的余
温加热。盛出后，撒
上罗勒叶。

最后才加
奶酪吗？

利用余温化开的奶酪
最好吃啦！

1 人份
600 千卡
制作时间
20 分钟

好好翻炒洋葱让它释放出甜味，
酸甜可口的滋味深受大家喜爱

培根番茄意大利面

材料【2 人份】

意大利实心粉……200 克
番茄罐头（碎番茄丁）……200 克
洋葱……1/2 个
培根……2 条
橄榄油……2 大勺
白葡萄酒……2 大勺
盐……适量

1 准备材料

洋葱纵向切约 1 厘米深。

再横过来切片。
培根切成约 5 毫米厚
的片。

 先纵向切 1 厘米，横切时较长的部分就自然而然一分为二啦。

2 炒制食材

平底锅中加入橄榄油、
培根和洋葱，混合拌匀
后开中火。待洋葱变
透明后加入白葡萄酒。

3 加入番茄

加入番茄罐头后稍加
炖煮，用 1/4 小勺盐
调味。

4 煮面

锅中加入 2 升水、1 大
勺多盐（4 小勺），煮
沸。煮面时间设定得
比包装上的时间短一
两分钟，中途取出 1/4
量杯面汤。

5 把面条拌进酱汁

煮好后将面条沥干，
加入步骤 3 的平底锅
中。观察面条的状态，
加入面汤调整。

与辣味番茄意大利面不同，
这里不用放辣椒。

 这是小朋友们也可以吃的一道料理！

1 人份	制作时间
551 千卡	20 分钟

鳕鱼的鲜味与恰到好处的咸味构成的美味，
秘诀是要用木铲把材料戳松散

鳕鱼橄榄油番茄意大利面

材料【2 人份】
意大利实心粉……200 克
生鳕鱼（咸甜口）……120 克
洋葱……1/4 个
大蒜……1/2 瓣
干辣椒……2 个
整番茄罐头……200 克
黑橄榄……8 颗
橄榄油……1.5 大勺
盐、胡椒碎……各适量

准备材料

鳕鱼切成适口的块，
放进滤勺，浇热水去
除腥味。
洋葱切丁。大蒜竖着切
成两半。干辣椒去子，
一切为二。用叉子将
番茄捣碎。

炒制材料

平底锅中加入橄榄油、
大蒜、辣椒和洋葱，
小火慢炒。待洋葱变
软后转中火，加入鳕
鱼快速翻炒。

加入番茄炖煮

加入番茄和黑橄榄，
用木铲稍微弄散鳕鱼，
煮七八分钟。用盐和
胡椒碎调味。

煮面

锅中加入 2 升水、1 大
勺多盐（4 小勺），煮
沸。煮面时间设定得
比包装上的时间短一
两分钟，中途取出 1/4
量杯面汤加入步骤 3
的平底锅中。

把面条拌进酱汁

煮好后将面条沥干，加
入步骤 3 的平底锅中，
搅拌均匀即可。

鳕鱼和番茄真
是绝配！

 煮番茄酱汁需要花费一些时间，若制作
不熟练，可在煮面前先行煮好酱汁。

加入白葡萄酒细细炖煮，
可以消除乌贼的腥味，激发材料的鲜味

乌贼杏鲍菇番茄意大利面

1 人份	制作时间
568 千卡	25 分钟

材料【2 人份】

意大利实心粉……200 克
枪乌贼……1 只
杏鲍菇……2 个
大蒜……1/2 瓣
干辣椒……2 个
整番茄罐头……200 克
盐、胡椒碎……各适量
白葡萄酒……2 大勺
橄榄油……1.5 大勺

做法

1 把乌贼的身体和脚分开。身体部分竖着切成 3 等份，正反面用菜刀轻轻改刀之后切成 1 厘米宽的块。乌贼脚逐条切开后，切成四五厘米长的段。

要点

乌贼采用斜切的方式改刀
乌贼身体正反面切花刀之后会比较方便食用，也更容易裹上番茄酱汁。

在此之前的处理都可以交给海鲜摊的老板！

2 杏鲍菇横着一切为二，竖着切成 4~6 等份。大蒜竖着切成两半。干辣椒去子切成两半。番茄用叉子捣碎。

3 平底锅中加入橄榄油、大蒜和辣椒，用小火加热，待香味出来后依次将乌贼和杏鲍菇加入。倒入白葡萄酒，加热，使酒精挥发。加入番茄煮七八分钟，用盐和胡椒碎调味。

4 锅中加入 2 升水、1 大勺多盐（4 小勺），煮沸。煮面时间设定得比包装上的时间短一两分钟，中途取出 1/2 量杯面汤加入步骤 3 的平底锅中。

5 煮好后将面条沥干，加入步骤 3 的平底锅中，搅拌均匀即可。

新鲜圣女果果汁满满、酸味适中，
奶酪和生火腿的搭配真是绝妙！

生火腿圣女果意大利面

做法

1 生火腿切成 3 厘米宽的片。芦笋用削皮器去掉根部比较硬的表皮，斜切成 2 厘米长的段。圣女果去蒂对切成两半。大蒜竖着切成两半。

2 平底锅中放入橄榄油、大蒜和圣女果，中火加热。炒至香味出来后用叉子轻轻按压一下。

圣女果用叉子按压出果汁！
用按压圣女果挤出的果汁煮酱就可以轻松得到果香满满的番茄酱汁。

3 锅中加入 2 升水、1 大勺多盐（4 小勺），煮沸。煮面时间设定得比包装上的时间短一两分钟。

4 取 1/2 量杯煮面汤加入步骤 2 的平底锅中，然后煮三四分钟，撒入盐和胡椒碎。

5 意大利面出锅前 2 分钟，加入芦笋一起煮，到时间后一起捞出来加入步骤 2 的平底锅中，再撒上帕玛森奶酪搅拌。盛出，撒上生火腿即可。

将奶酪撒在煮好的面上可以增加味道的层次
把帕玛森奶酪撒到煮好的面条上，可以增加料理的香味以及味道的深度。

材料【2 人份】

意大利实心粉……200 克
生火腿……80 克
芦笋……1 把
圣女果……200 克

大蒜……1 瓣
帕玛森奶酪屑……2 大勺
橄榄油……1 大勺
盐、胡椒碎……各少许

1 人份	制作时间
608 千卡	20 分钟

事先做好就会方便许多！

基础番茄酱

事先做好番茄酱会非常方便。炖煮非常费时，忙碌的时候用番茄酱就可以迅速做出料理。

下面将介绍 1 个番茄罐头（即只能做一次料理的量）的制作方法，

根据自己的实际情况，可以制作两三倍量的番茄酱。

忙的时候可以直接使用做好的番茄酱，这样就很方便了！

材料

【做好后大约 1 量杯的量】

番茄罐头……1 个

（400 克）

大蒜……1/2 瓣

橄榄油……1.5 大勺

盐……少许

★ 大量制作时，按比例增加材料即可。

1 炒制大蒜

大蒜切末，放入锅底较厚的锅里，同时放入橄榄油，小火加热。

2 加入番茄

待步骤 1 中的材料香味出来后，在大蒜变色之前，将番茄用手捏碎并加入锅中。

3 炖煮

中火煮 10~15 分钟，煮到只剩下原来 2/3 的量即可。

4 调整味道

用盐调味。

大量制作后

冷藏或冷冻保存

若冷藏保存，需要把番茄酱放入煮沸并消毒后的玻璃瓶或密封容器里。

若冷冻保存，放入保鲜袋中平放，可以保存约 3 个月。用的时候根据需要切块即可。

加热直到辣椒变黑，
这样就可以做出辛辣口味

辣味番茄通心粉

材料【2 人份】

斜管面（见第 9 页）……150 克
干辣椒……2~4 个
橄榄油……1 大勺
基础番茄酱（见第 36 页）……1 量杯
盐……1 大勺

做法

1 干辣椒去子切两半。平底锅中加入
   辣椒和橄榄油，中火加热至辣椒
   发黑。

要点

辣椒要多加热一
会儿
倾斜平底锅，让辣
椒浸在油里加热。
辣椒一变黑马上加
入番茄酱。

2 把番茄酱加入步骤 1 的平底锅中
   翻炒。

3 锅中加入 1.5 升水、1 大勺盐，煮沸。
   煮面时间设定得比包装上的时间短
   一两分钟，中途取出 1/4 量杯煮面汤。

4 煮好后将面条沥干，加入步骤 2 的
   平底锅中搅拌。一边观察面条的状
   况，一边加入面汤，切记搅拌的速
   度要快。

辣椒变黑了！

"arrabbiato" 在意大利语中表示
急性子、易怒的人，也用来表示这道菜。
辣椒经过加热变黑更能激发出辣味。为
了让酱汁能更好地裹在面条上，斜管面
是不错的选择。

1 人份	制作时间
476 千卡	20 分钟

让茄子的颜色和味道变得更好的秘诀在于油炸，
稍微花一点小功夫就能得到的美味

茄子番茄酱意大利面

1人份	制作时间
502 千卡	20 分钟

材料【2 人份】

意大利实心粉……150 克
茄子……2 个
基础番茄酱（见第 36 页）……1 量杯
煎炸油……适量
盐……适量

做法

1　茄子去蒂，横竖分别等切成 4 份后切成 2 厘米宽的小块，撒盐后放置 10 分钟。待茄子出水后用厨房纸巾按压吸水，放入 180℃的油锅中快速煎炸。

要点

用盐可以去除茄子的涩味

茄子撒盐放置片刻，会渗出含有涩味的液体。去除涩味后会更加美味。

2　平底锅中放入番茄酱加热，再加入步骤 1 的茄子。

3　锅中加入 1.5 升水、1 大勺盐，煮沸。煮面时间设定得比包装上的时间短一两分钟，中途取出 1/4 量杯煮面汤。

4　煮好后将面条沥干，加入步骤 2 的平底锅中搅拌。一边观察面条的状况，一边加入面汤。盛出之后，如果手边有罗勒叶，可以切丝后撒上。

茄子很湿润！

是不是感觉茄子入口即化！这道菜诞生于意大利南方的小岛西西里岛，所以也被称作西西里岛意大利面。

1 人份	制作时间
544 千卡	20 分钟

用冷冻的海鲜什锦制作而成，
分量满满！

海鲜意大利面

材料【2 人份】

意大利实心粉……150 克
海鲜什锦（冷冻）……150 克
洋葱……1/2 个
橄榄油……1 大勺
基础番茄酱（见第 36 页）……
　　1 量杯
盐……1 大勺

做法

1 海鲜什锦清洗过后自然解
　冻，沥干。洋葱切末。

2 平底锅中加入橄榄油，中火
　加热，放入洋葱，炒至透明。
　向锅中加步骤 1 的海鲜什锦，
　大火翻炒。加入番茄酱后转
　中火，将海鲜煮熟。

3 锅中加入 1.5 升水、1 大勺
　盐，煮沸。煮面时间设定得
　比包装上的时间短一两分
　钟，中途取出 1/4 量杯煮
　面汤。

4 煮好后将面条沥干，加入步
　骤 2 的平底锅中搅拌。一边
　观察面条的状况，一边加入
　面汤。盛出后，如果手边有
　欧芹，可以切末之后撒上。

要点

海鲜要沥干后再加入锅中

冷冻海鲜水洗后去掉冰渣，沥干
后再加入锅中，就不容易炸锅了。

这道菜也被称为
"pescatora"，在意
大利语中是"渔夫风"
的意思。

用 300 克混合肉糜即可制成

基础肉酱

炖到入味的肉酱，多做一些可以提高做菜效率！
混合 300 克肉糜，或翻倍用 600 克的肉糜来制作，
按照每次使用的量分开冷藏或冷冻保存。
除了意大利面，加在菜肉蛋卷里也是不错的选择。

一次做多了怎么办

可以冷藏或冷冻保存

以一两人份为一
份，放入密封容器
中冷藏或放入保鲜
袋中平放冷冻保
存。冷冻可保存约
1 个月。

材料【4 人份】

肉糜……300 克
培根……1 根
洋葱……1/6 个（30 克）
胡萝卜……1/6 根（30 克）
芹菜……30 克
大蒜……1 瓣
番茄膏……2 大勺
整番茄罐头……1/2 罐（200 克）
橄榄油……1.5 大勺
红酒……1/2 量杯
高汤 ※……2 量杯
月桂叶……1 片
盐、胡椒碎、砂糖……各少许

※ 可以用市售的浓汤宝等制作高汤

① 处理材料

培根、洋葱、胡萝卜、
芹菜和大蒜切末。

② 炒制材料

锅中加入橄榄油和步
骤 1 的材料，中火加热，
炒至材料变软。

③ 加入肉糜

加入肉糜后转大火炒
制。待肉糜变色炒散
后，加入红酒炖煮，
煮至酒精挥发。

④ 加入番茄膏和整番茄罐头

加入番茄膏，转小火，
一边用木铲搅拌一边
慢慢炖煮。将番茄罐
头连带汤汁一起加进
去，用木铲戳碎番茄，
搅拌均匀。

⑤ 加入高汤炖煮

加入高汤和月桂叶，用
中火炖煮约 40 分钟。
不时搅拌以防糊底。
煮至汤汁减半、变得
黏稠并且有油析出时
熄火。加入盐、胡椒
碎和砂糖调味即可。

加入酱汁和奶酪使味道更加醇厚，
能品尝到的正宗味道

肉酱意大利面

材料【2 人份】

意大利实心粉（稍粗）……200 克
基础肉酱（见第 40 页）……1/2 量
帕玛森奶酪屑……2 大勺
盐……适量

做法

1 在稍大的碗里加入一半热肉酱。

2 锅中加入 2 升水、1 大勺多盐（4 小勺），煮沸。煮面时间设定得比包装上的时间短一两分钟。

3 煮好后将面条沥干，加入步骤 1 的碗中，撒入帕玛森奶酪屑后搅拌。盛入盘中，再加上另一半热肉酱，依据个人喜好可以再撒上一些奶酪屑。

意大利人还会使用多种意大利面

在意大利，使用这种博洛尼亚风味肉酱时，一般会使用阔条面，然后拌上分量满满的肉酱食用。先把半份肉酱、奶酪和面条均匀搅拌盛入盘子后，再放上剩下的半份肉酱，口感就会变得均匀，所以推荐这种做法。

1 人份	制作时间
708 千卡	20 分钟

肉酱和白酱交织，
口感醇厚的美味人气料理

千层面

1 人份	制作时间
897 千卡	35 分钟

材料【2 人份】

千层面……4 张
基础肉酱（见第 40 页）……1/2 量
白酱
　黄油……30 克
　低筋面粉……30 克
　牛奶……3 量杯
　盐……少许
比萨用奶酪……40 克
盐……适量

也可直接用市
售白酱！

做法

1　制作白酱。开小火，将黄油放入锅内，使其化开，筛入低筋面粉，加热翻拌 6~8 分钟防止烧焦。先倒入一杯牛奶，快速搅拌至顺滑，再把剩下的牛奶分两次均匀加入锅中搅拌，最后用盐调味。

2　锅中加入 2 升水、1 大勺多盐（4 小勺），煮沸。煮面时间设定得比包装上的时间短一两分钟。煮熟后捞出沥干，用布或厨房纸巾轻轻擦去表面水分，切成适合容器大小的长度。

要点

把面切成适合容器大小的长度
煮好的面沥去多余水分后，切成适合容器大小的长度，一边调整一边层层堆叠起来。

3　在耐热容器中薄薄地铺上一层肉酱，然后按照面、白酱、面、肉酱的顺序把材料放进容器中，最后再盖上一层白酱。撒上奶酪，烤箱设置 14~15 分钟，烤至金黄即可。

千层面的边缘为什么不平整？

千层面也是意大利面的一种，边缘之所以不平整是为了防止煮面时面条粘在一起。

在鲣鱼肥美季节一定要试试这道菜，
清爽又美味的鱼肉酱汁！

蔬菜炖鲣鱼意大利面

材料【2 人份】

意大利实心粉……160 克
鲣鱼肉……100 克
洋葱……1/4 个
蒜末……1 小勺
干辣椒……1/2 个
橄榄油……2 大勺
红酒……2 大勺

Ⓐ 番茄罐头……1/2 罐（200 克）
　番茄酱……1 大勺
　浓汤宝……1/4 小勺

盐、胡椒碎……适量
欧芹末、帕玛森奶酪屑……各适量

做法

1　鲣鱼切块，洋葱切末。

2　开中火，平底锅内加入橄榄油、蒜
　末、干辣椒和洋葱，炒至材料变软。
　加入鲣鱼，炒至变色。

3　加入红酒炖煮，让酒精充分挥发。
　锅中加入材料Ⓐ，稍微收汁，加入
　1/4 小勺盐和胡椒碎调味。

4　锅中加入 1.5 升水、1 大勺盐，煮沸。
　煮面时间设定得比包装上的时间短
　一两分钟。捞出沥干，加入步骤 3
　中的材料搅拌均匀。盛出，撒上奶
　酪屑和欧芹末即可。

　　除了鲣鱼，金枪鱼肉也很适合这
道菜。如果碰到超市打折，不要犹豫，
买下来吧！鱼肉切成块，口感会更好。

1 人份	制作时间
554 千卡	25 分钟

43

1 人份	制作时间
803 千卡	20 分钟

鲜奶油带来醇厚的口感！
弯弯曲曲的螺旋面裹酱能力一流

培根西葫芦奶油意大利面

材料【2 人份】
螺旋面（见第 9 页）……150 克
西葫芦……1/2 根
培根……60 克
鲜奶油……1 量杯
盐……适量
粗磨黑胡椒……少许

① 准备材料
西葫芦剖成两半，斜切成和面条差不多长度。培根切小条。

② 蒸材料
平底锅中放入培根和西葫芦，盖上锅盖开中火，蒸二三分钟后搅拌一下。

由于培根加热后会释放油脂，所以不用额外加油。

③ 加入鲜奶油
加入鲜奶油，小火加热以防煮干，最后用 1/4 小勺盐调味。

④ 煮面
锅中加入 1 升水、2 小勺盐，煮沸。煮面时间设定得比包装上的时间短一两分钟，中途取出 1/4 量杯煮面汤。

⑤ 把面拌进酱汁
煮好后将面条沥干，加入步骤 3 的平底锅中搅拌。如果酱汁煮干了可以加入煮面汤来调整一下。盛出，撒上黑胡椒即可。

酱汁很好地裹在了螺旋面上！

煮的时候可能会担心酱汁太多，但和面搅拌在一起后，因为面会吸收酱汁，所以到最后的分量刚刚好。

三种蘑菇和鸡肉的鲜味，
让奶油酱汁的美味更上一层楼

鸡肉蘑菇奶油意大利面

1 人份	制作时间
835 千卡	20 分钟

材料【2 人份】

意大利实心粉……200 克
鸡胸肉……100 克
杏鲍菇……80 克
平菇…………100 克
香菇……4 朵
大蒜……1/2 瓣
鲜奶油……2/3 量杯
牛奶……1/3 量杯
橄榄油……1 大勺
盐、胡椒碎……各适量
白葡萄酒……2 大勺

做法

1 鸡肉切成约 2 厘米的块。

2 杏鲍菇去掉根部，剖成两半，分别切成 4~6 等份。平菇用手撕成小条。香菇去掉根部切薄片。

3 平底锅中加入橄榄油、大蒜和步骤 2 的材料翻炒。大蒜稍微变色后加入鸡胸肉翻炒，撒上盐和胡椒碎。

要点

蘑菇多翻炒一会儿，炒出鲜味
蘑菇要好好翻炒，炒至变色。重点在于要在蘑菇炒出香味后再加鸡胸肉。

4 加入白葡萄酒，煮至酒精挥发。加入鲜奶油和牛奶，开中火煮五六分钟直至稍微黏稠。

5 锅中加入 1.5 升水、1 大勺盐，煮沸。煮面时间设定得比包装上的时间短一两分钟。时间到了之后捞出，放入步骤 4 的平底锅中搅拌即可。

多种蘑菇混合在一起后鲜味会倍增！

材料【2 人份】

意大利实心粉……200 克
虾（去头）……150 克
小番茄……1 个
洋葱……1/4 个
青豌豆（冷冻）……1/2 量杯
鲜奶油……2/3 量杯
牛奶……1/3 量杯
橄榄油……1.5 小勺
盐……适量

番茄的酸味能让奶油的口感变得更温和，
是一道招待客人的亮眼料理

虾番茄奶油意大利面

做法

1 虾用盐水清洗后，用牙签去除虾线，去壳。

2 番茄去蒂切块。洋葱切末。青豌豆解冻。

3 平底锅中加入橄榄油，油热之后加入青豌豆和虾翻炒，稍微加点盐增加咸味。加入洋葱和番茄翻炒，再加入鲜奶油和牛奶，中小火煮五六分钟，再用盐调味。

要点

煮番茄增加酸味
番茄煮至微烂，可以为奶油酱汁增添恰到好处的酸味。

4 锅中加入 1.5 升水、1 大勺盐，煮沸。煮面时间设定得比包装上的时间短一两分钟。时间到了之后捞出，放入步骤 3 的平底锅中搅拌即可。

番茄奶油酱汁好好吃啊！

也可用事先做好的番茄酱代替。像"番茄酱 + 奶油酱""肉酱 + 奶油酱"这样把两种酱组合在一起，做出的料理也很好吃！来尝试一下吧！

1 人份	制作时间
830 千卡	20 分钟

直接炒制的菠菜，
制作简单又有嚼劲

三文鱼菠菜奶油意大利面

1 人份	制作时间
622 千卡	20 分钟

材料【2 人份】

意大利实心粉……150 克
烟熏三文鱼……80 克
菠菜……150 克
黄油……1 大勺
鲜奶油……1/2 量杯
盐……1 大勺

做法

1 三文鱼切成三四厘米的小块，菠菜切三四厘米长。

2 平底锅中加入黄油，大火加热，使其化开，先将菠菜茎放入锅内，稍微翻炒一下再加入叶子。菠菜变软后加入三文鱼一起翻炒。

3 加入鲜奶油，用大火炖煮一两分钟。

要点

炖煮后汤汁会变得浓稠
加入鲜奶油炖煮一两分钟后，汤汁会开始变得浓稠，鲜奶油的美味会浓缩起来。

4 锅中加入 1.5 升水、1 大勺盐，煮沸。煮面时间设定得比包装上的时间短一两分钟，中途取出 1/4 量杯煮面汤。

5 煮好后将面条沥干，加入步骤 3 的平底锅中，一边观察面条的状况，一边快速搅拌即可。

菠菜的口感很好！

如果酱汁制作好的同时面条也煮好了，就可以迅速把它们搅拌在一起，这样更能突出菠菜的口感。

蓝纹奶酪口感醇厚，
适合搭配红酒一起品尝

戈贡佐拉奶酪西兰花奶油通心粉

材料【2 人份】

斜管面……180 克
戈贡佐拉奶酪（见第 12 页）……100 克
西兰花……150 克
鲜奶油……1/2 量杯
牛奶……1/2 量杯
盐……适量

做法

1 戈贡佐拉奶酪切成 2 厘米见方的小块。西兰花掰成小朵。

2 平底锅中加入鲜奶油、牛奶和戈贡佐拉奶酪，小火加热，用少许盐调味，煮三四分钟至稍微黏稠。

要点

用小火化开奶酪
酱汁煮沸会影响奶酪的风味，所以要用小火。

3 锅中加入 2 升水、1 大勺多盐（4 小勺），煮沸。煮面时间设定得比包装上的时间短一两分钟，捞出前三四分钟加入西兰花一起煮。

4 面煮熟后和西兰花一起捞出，加入步骤 2 的平底锅中搅拌即可。

没用完的奶酪可以一起加入酱汁中！

奶油酱汁和奶酪是绝配。奶油酱汁中放入卡门贝尔奶酪和奶油奶酪也很好吃。

1 人份	制作时间
771 千卡	20 分钟

香味迷人的爽口万能酱汁

基础热那亚酱

意大利人从小吃到大的热那亚酱汁使用大量罗勒叶制成。
只需把材料放入料理机打碎即可，特别简单！
除了意大利面，与其他料理也很配！

 这是诞生于意大利港湾城市、吃了让人上瘾的美味酱汁。可以用在许多料理中，不妨多制作一些保存起来备用。

材料

【成品大约 1 量杯的量】
罗勒叶……40 克
松子（见第 11 页）……20 克
橄榄油……2/3 量杯
帕玛森奶酪屑（见第 12 页）……40 克
盐……1 小勺

① 烤松子

平底锅中加入松子，小火加热，不时轻轻晃动锅子，烤至金黄。注意不要烤焦了。

② 搅拌罗勒叶和橄榄油

把罗勒叶和橄榄油放入料理机中，搅拌 30 秒左右至糊状。

③ 搅拌松子

将步骤 1 的松子加入料理机中，搅拌 30 秒左右至顺滑。

④ 加盐、奶酪

把搅拌好的酱盛到碗里，加入盐，搅拌均匀。最后加入帕玛森奶酪屑搅拌即可。

大量制作时

冷藏或冷冻保存

一次做的量过多时，放入煮沸消毒后的玻璃瓶中，再放入冰箱冷藏室，可以保存一两周。放入保鲜袋中冷冻可保存约 3 个月。

1 人份	制作时间
446 千卡	20 分钟

罗勒的绿色可以让餐桌的色彩更好看，
新鲜的香气更能勾起人的食欲

热那亚酱意大利面

材料【2 人份】

意大利实心粉……150 克
基础热那亚酱（见第 50 页）
　……三四大勺
豆角……10~12 根
盐……1 大勺

做法

1 豆角拦腰切断。

2 锅中加入 1.5 升水、1 大勺盐，煮沸。煮面时间设定得比包装上的时间短一两分钟。捞出前 3 分钟，加入豆角一起煮，中途取出 1/4 量杯煮面汤。

3 面煮熟之后，和豆角一起捞出，放入盘中。加入基础热那亚酱，搅拌过程中若太干可适当加入面汤调节，迅速搅拌即可。

罗勒的旺季是什么时候？

夏天（7~9 月）是罗勒的旺季。如果要自己种植罗勒，就要在四五月开始播种。罗勒的茎长到 15 厘米后就可以采摘叶子了，新的叶子还会源源不断地从侧旁长出来。由于种植方式很简单，可以选择在自家的阳台上种植罗勒。

51

1 人份	制作时间
521 千卡	20 分钟

番茄和水煮蛋能增加口感的层次，
红黄绿的色彩让人感受到满满活力

热那亚酱冷意大利面

材料【2 人份】

天使面（见第 8 页）……150 克
成熟番茄……1 个
基础热那亚酱（见第 50 页）
　　……1/4 量杯
水煮蛋……1 个
盐、胡椒碎……各适量

做法

1 番茄去蒂拦腰切成两半，去心后切成 5 毫米见方的小丁。放入碗中，加入热那亚酱搅拌。

2 水煮蛋切小块。

3 锅中加入 1.5 升水、1 大勺盐，煮沸。煮面时间设定得比包装上的时间长 1 分钟。到时间后捞出，过一下冰水，沥干。

4 把步骤 3 的材料加入步骤 1 的碗中搅拌，撒上少许盐和胡椒碎。盛出，撒上剩下的番茄丁，再加上步骤 2 的水煮蛋。如果手边有薄荷叶可以用来点缀，最后撒上胡椒碎即可。

面条好细啊！

直径 0.9 毫米的天使面也被称为"天使的发丝"。除了冷却后食用外，趁热吃也很美味。

除了意大利面外还可以尝试这些！
热那亚酱延伸料理

涂在法棍面包上
制作开胃前菜

法棍面包斜切 2 厘米厚，放入面包机中烤至酥脆，抹上适量的热那亚酱即可。这道菜的卖相也很好，很适合当作招待客人的前菜。

放入汤中增添罗勒风味

如果是 4 人份的浓菜汤，前面的制作方法都和番茄浓菜汤一样，只在最后加上 1 大勺热那亚酱。如此一来就不单单是番茄的味道了，罗勒的爽口香味也能体现出来。

热那亚是意大利的港口城市。在这里诞生的热那亚酱汁和海鲜搭配起来也很美味。试着在白汁红肉或纯鱼肉上添加热那亚酱吧。

满满的番茄带来沙拉的口感，
关键在于面条要过冷水

番茄冷意大利面

1 人份	制作时间
388 千卡	20 分钟

材料【2 人份】

天使面（见第 8 页）……150 克
成熟小番茄……3 个
罗勒叶……4 片
Ⓐ 柠檬汁……1/2 大勺
　黑葡萄醋……1/2 大勺
　橄榄油……1 大勺
盐、胡椒碎……各适量
装饰用罗勒叶……少许

做法

1. 番茄氽烫去皮（见第 99 页）。拦腰切成两半去瓤，切成 1 厘米见方的小块。罗勒叶切丝。

2. 碗中放入步骤 1 的材料和材料 A 搅拌，用少许盐和胡椒碎调味。

3. 锅中加入 1.5 升水、1 大勺盐，煮沸。煮面时间设定得比包装上的时间长 1 分钟。到时间后捞出，过一下冰水，沥干。

要点

面条煮的时间稍微延长一些，再迅速过冷水
制作冷意大利面时，将煮面时间延长 1 分钟后再过冷水，面条的口感会变得刚刚好。

4. 用筷子把步骤 3 的面条卷成适口大小后摆盘，把步骤 2 的混合材料放到面条上，再点缀上罗勒叶即可。

面条可以卷起来后摆盘，也可以直接和酱汁搅拌在一起后摆盘。

1 人份	制作时间
519 千卡	20 分钟

烤茄子处理成糊状之后非常美味，
让你不禁产生怀疑："这真的是茄子吗？"

烤茄子冷意大利面

材料【2 人份】

天使面（见第 8 页）……150 克
茄子……3 个
罗勒叶……三四片
大蒜……1/2 瓣
黑葡萄醋……1 大勺
橄榄油……1/4 量杯
盐、胡椒碎……各适量
装饰用罗勒叶……适量

做法

1 将茄子直接放于火上（或放在烤鱼用烤架上）烤至茄皮漆黑，去蒂剥皮。拦腰切成两半并弄散，放入碗中。

2 罗勒叶切丝，大蒜切末。

3 向步骤 1 的碗中加入步骤 2 的材料，加入黑葡萄醋搅拌。

再加入橄榄油，快速搅拌至能使叉子立起来的糊状，用少许盐和胡椒碎调味。

4 锅中加入 1.5 升水、1 大勺盐，煮沸，煮面时间设定得比包装上的时间长 1 分钟。到时间后捞出，过一下冰水，沥干。

5 向步骤 3 的碗中加入步骤 4 的面条并搅拌，用筷子把面条卷成适口大小后摆盘，再点缀上罗勒叶即可。

成了入口即化的酱汁！

要点

茄子要烤至茄皮漆黑

茄皮烤至漆黑后，茄肉仿佛蒸过一样，很好吃。并且烤焦后皮也会变得好剥。

要好好搅拌至成形为止！

重点在于要一直搅拌到看不出来是茄子为止，这样的糊状酱汁才会好吃。

用家里已有的材料来做，即使是料理"小白"也不会失败！

基础手工意大利面

仅使用低筋面粉和鸡蛋作为材料。即便没有制作意大利面的机器也不会失败。
拥有和市场上出售的商品意大利面不一样的口感，手工加上水煮之后美味再升级！
掌握原味面条的制作方法后，也来尝试一下番茄味的手工意大利面吧！

基础手工意大利面

材料【2~3 人份】
低筋面粉……200 克
鸡蛋（大号）……2 个
手工意大利面的薄面
　　（低筋面粉）……适量

番茄味

原味

1 混合低筋面粉和鸡蛋

碗中加入低筋面粉，在面粉中央挖一个坑，打入鸡蛋，用叉子混合搅拌。

搅拌时从中心开始一点一点把面粉拌进来，直到鸡蛋和面粉完全融合为止。

用手把面块团在一起，揉至顺滑。

2 醒面

待面团表面出现光泽后，用手把面团搓圆取出，用保鲜膜包起来放在室温下醒 30~40 分钟。

3

擀面

把面团放在桌面上撒上薄面，用手掌根部推开面团，边转面团边推，推成均匀的厚度。

面团和擀面杖上撒薄面，用擀面杖擀开，厚度要均匀。

诀窍在于擀面的时候重心前移。

面皮擀开之后旋转 90 度，继续擀开。像这样 4 个方向都擀一遍，直到面皮变成 2 毫米厚为止。

4

把面皮折叠起来

用擀面杖把面皮卷起来，放在撒了薄面的砧板上。然后像手风琴一样把面皮叠三四层，从擀面杖上拿下来。

5

切面皮

注意下手不要太重以防把面皮按碎，从一端开始按照七八毫米的间隔切面皮。切 10 厘米后用手把切下的面条整理一下，将折叠状的面条弄散后，放在托盘上即可。

番茄味手工意大利面

材料【2~3 人份】
低筋面粉……200 克
鸡蛋（大号）……1~1.5 个
番茄膏……2 大勺
橄榄油……2 小勺
手工意大利面的薄面
　（低筋面粉）……适量

1

鸡蛋放入番茄膏中搅拌

番茄膏和橄榄油放入小碗中，用叉子搅拌混合。打入鸡蛋，搅拌至完全混合。

2

之后的步骤同前

和基础手工意大利面的步骤 1 一样，碗中放入低筋面粉，中央挖坑，将步骤 1 碗中的材料倒入。之后的步骤同前即可。

和比萨不一样，意大利面条不需要发酵！

希望大家都能感受一下手工意大利面独有的口感！刚煮好的手工意大利面即便只拌上黄油和奶酪也是人间美味！

酱汁肉感满满！
裹上酱汁的软糯美味

猪肝肉酱手工意大利面

1 人份	制作时间
658 千卡	45 分钟

材料【2 人份，酱汁为 4 人份】

基础手工意大利面（见第 56 页）……
　　200 克（市售的干燥意大利面则用 160 克）
猪牛混合肉糜……300 克
猪肝……120 克
洋葱……1/4 个
胡萝卜……1/6 个
芹菜……30 克
大蒜……1/2 瓣
橄榄油……2 大勺
红酒……1/2 量杯
Ⓐ 番茄膏……2 大勺
　 整番茄罐头……200 克
　 番茄酱……2 大勺
高汤 ※……2 量杯
月桂叶……1 片
盐……适量
胡椒碎……少许
帕玛森奶酪屑……适量

※ 可以用市售的浓汤宝等制作高汤

做法

1 猪肝去除脂肪，切成 2 厘米见方的小块。加 1/2 小勺盐揉洗之后，用开水焯一下捞出晾干。

2 洋葱、胡萝卜、芹菜和大蒜切末。

3 用叉子戳碎材料Ⓐ的整番茄罐头。

4 锅中加橄榄油，加入步骤 2 的材料炒三四分钟，加入肉糜和猪肝翻炒。加红酒炖煮至酒精挥发。加入材料Ⓐ、高汤、月桂叶煮 30 分钟以上，煮成酱后，用少许盐和胡椒碎调味。

5 锅中加入 2 升水、1 大勺多盐（4 小勺）煮沸，下面条煮二三分钟。确认面条煮熟之后捞出，取步骤 4 一半的酱汁搅拌。盛出，撒上帕玛森奶酪屑即可。

要点

猪肝用盐清洗去腥
猪肝撒盐揉洗可以去除多余的血水和脂肪，也可以去除腥味。

稍微戳碎即可
用木铲边炒边稍微戳碎猪肝，这样既能保留猪肝的口感，也更能感受到嚼劲。

材料【2 人份】

基础手工意大利面（见第 56 页）……
    200 克(市售的干燥意大利面则用 160 克)
螃蟹罐头……100 克
蘑菇……80 克
橄榄油……1/2 大勺
盐……适量
白酱
    黄油……15 克
    低筋面粉……15 克
    牛奶……1.5 量杯

放入奢侈螃蟹罐头的浓厚酱汁，
搭配粗粗的手工意大利面是绝配

蟹酱奶油意大利面

做法

1　螃蟹去掉软骨，稍微戳散。分离出罐头里的汁水备用。蘑菇去根切片。

2　制作白酱。开小火，锅中放入黄油，加热至化开，筛入低筋面粉，加热翻搅 6~8 分钟防止烧焦。先加入半杯牛奶，快速搅拌至顺滑，再把剩下的牛奶分次加入锅中搅拌均匀。

3　平底锅中加入橄榄油和蘑菇，开小火翻炒。等到蘑菇软了之后，加入步骤 2 的白酱、螃蟹和螃蟹的汤汁，煮二三分钟，用少许盐调味。

要点

螃蟹汁也不要浪费！煮白酱时螃蟹汁也要加进去哦。加入蟹汁后，就能轻松地让酱汁变得更美味。

4　锅中加入 2 升水、1 大勺多盐（4 小勺）煮沸，下面条煮二三分钟。确认面条煮熟之后捞出，加入步骤 3 的平底锅中搅拌即可。

浓厚顺滑的酱汁超级棒！

成功的诀窍就在于，制作白酱时一定要把黄油和低筋面粉充分融合翻炒才行。

1 人份	制作时间
551 千卡	20 分钟

59

用土豆和低筋面粉搅拌制作而成

基础土豆团子

团子可以由水煮土豆或南瓜和低筋面粉搅拌制成。
这种意大利"面疙瘩汤"由土豆制成，深受大家喜爱。
和意大利面一样，搭配团子的酱汁可自行选择！

材料【2 人份】

土豆……300 克
Ⓐ 低筋面粉……80 克
　蛋黄……1 个
　黄油……1/2 大勺
　肉豆蔻……少许
手工意大利面的薄面（低筋面粉）……适量
盐……少许

1 土豆水煮后过筛

土豆切成 4 块，放进大量水里煮软。倒掉锅中的水，开大火，摇动锅子把多余的水分蒸发掉，趁热把水煮土豆过筛。

2 制作面饼

碗中加入步骤 1 的土豆和材料Ⓐ，用切黄油的手法拿刀搅拌面块。要注意的是揉面团的时候面块会逐渐变硬，要趁土豆还热的时候揉面，否则黄油就不能很好地被面块吸收，所以手速一定要快！

充分融合在一起后，用手把粘在碗底的面块也揉进团里，团成完整的一块。

3 切成适口大小

桌面上撒薄面，放上面团，揉成 2 厘米厚的长方形，用切刀把面团等分成 4 块细长的块状面团。

用手把面团滚成直径 1.5~2 厘米的棒状，感觉面团粘手可以撒一点薄面。

将面棒按 2 厘米的间隔切成小块。可以直接操作，但为了团子更容易沾上酱汁，可以在团子的两面用叉子背部按压出沟壑。

4 煮团子

在大量的水中加入少许盐，加入步骤 3 的团子，轻轻搅拌一下，煮二三分钟。等团子浮起后用漏勺捞出，再用干净的布擦干团子上的水。

就像做丸子一样好玩！

用南瓜代替土豆就会变成南瓜团子。南瓜甜甜的，也很好吃。

刚出锅的时候软软糯糯！
入口之后团子和顺滑的酱汁一起在口中化开

意式奶油土豆团子

材料【2 人份】

基础土豆团子（见第 60 页）……2 人份
牛奶……1/2 量杯
鲜奶油……1/2 量杯
盐……少许
番茄酱……1 小勺
蛋黄……1 个
帕玛森奶酪屑……1 大勺

做法

1 平底锅中加入牛奶和鲜奶油，开小
　火煮三四分钟，加入盐和番茄酱后
　熄火，加入蛋黄，充分搅拌。

要点

熄火后再加入蛋黄
搅拌
蛋黄如果加热过头就
会凝固成块。熄火后
利用余温加热，得到
绵软的口感。

2 锅中加入大量的水烧开，加少许盐，
　放入土豆团子轻轻搅动一下。煮到
　团子浮起后再过 1 分钟用漏勺捞出，
　加入步骤 1 的平底锅中搅拌，盛出
　撒上帕玛森奶酪屑即可。

就像白汁意大利
通心粉一样！

奶油酱汁里只需加入蛋黄就能增
加味道的深度，让这道菜的口味更上一
层楼。

1 人份	制作时间
609 千卡	15 分钟

土豆的甜味和番茄的酸味，
再加上蘑菇构成丰富的口感！

意式番茄土豆团子

1 人份	制作时间
452 千卡	15 分钟

材料【2 人份】

基础土豆团子（见第 60 页）……2 人份
蟹味菇……1/2 袋
香菇……4 个
大蒜……1/2 瓣
橄榄油……1.5 大勺
整番茄罐头……200 克
盐、胡椒碎……各少许
帕玛森奶酪屑……1 大勺

做法

1 锅中加大量水煮沸，加少许盐。

2 蟹味菇去根，拦腰切两半后用手撕开。香菇去根切片。

3 平底锅中加入橄榄油和大蒜，小火加热，产生香味后再加入步骤 2 的材料翻炒三四分钟。用叉子戳碎番茄，加入从步骤 1 的锅中取出的 1/3 量杯面汤，煮六七分钟至稍微黏稠。加盐和胡椒碎调味。

4 向步骤 1 的锅中加入土豆团子，之后轻轻搅拌一下，煮至浮起后过 1 分钟用漏勺捞出，加入步骤 3 的平底锅中搅拌。盛出，撒上帕玛森奶酪屑即可。

要点

和意大利面一样要迅速搅拌

土豆团子和意大利面一样，刚出锅的比较好吃。放入热乎乎的酱汁中迅速搅拌，马上就可以端到餐桌上！

简简单单的一道料理不管吃多少都不会腻！

Part 2

令人愉悦的下酒菜
虽然很简单但很能调动气氛

前菜

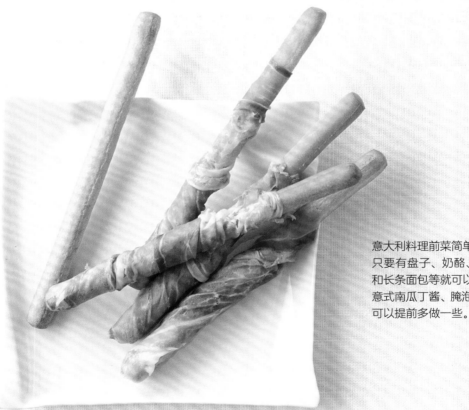

意大利料理前菜简单易做,
只要有盘子、奶酪、橄榄、生火腿
和长条面包等就可以开派对啦!
意式南瓜丁酱、腌泡汁等非常美味,
可以提前多做一些。

用香蒜吐司做的意式烤面包片很适合当作派对的前菜！
先用红酒和前菜招待客人。
在这期间就可以去准备意大利面或主食了，
这样派对就可以顺畅地进行下去。

三文鱼泥意大利
烤面包片

马苏里拉奶酪鳀鱼
意大利烤面包片

4 种意式烤面
包片的制作方
法请见第 66 页

首先就着下酒菜来干杯吧

吃着意大利餐来开派对吧！

香蒜吐司

意式番茄烤面包片

1 人份	制作时间
236 千卡	10 分钟

口味温和并且拥有
漂亮的粉色外观

三文鱼泥意大利烤面包片

材料

【做鱼泥最适合的分量
　——2 人份】
切片法棍面包（1 厘米
厚）……8 片
圣女果、莳萝……适量

三文鱼泥

三文鱼（生）……100 克
盐……1/4 小勺
白葡萄酒……1 大勺
奶油奶酪……100 克
柠檬汁……少许

做法

1　三文鱼抹盐放在耐热器皿上，洒上白葡萄酒后盖保鲜膜，放入微波炉中用 600 瓦的火力加热 2 分钟，去除鱼皮及鱼骨。

2　把奶油奶酪、柠檬汁以及步骤 1 中带汤汁的三文鱼放入料理机中搅拌至顺滑。

3　用面包机把面包烤至松脆，涂上步骤 2 的三文鱼泥，最后放上莳萝和切成薄片的圣女果用于点缀。

要点

搅打鱼泥时将加热三文鱼产生的肉汁一起加入

由于加热时加入了白葡萄酒，所以鱼肉不会有腥味，不要浪费美味的鱼肉汁，把它利用起来吧！

简单又时尚

马苏里拉奶酪鳗鱼
意大利烤面包片

1 人份	制作时间
230 千卡	8 分钟

材料【2 人份】

切片法棍面包……8 片
马苏里拉奶酪……1 块

鳗鱼……3 条
粗磨黑胡椒、欧芹
……适量

做法

1　把奶酪切成 8 等份的薄片。

2　将切好的奶酪放在面包片上，把鳗鱼撕成两小块放在奶酪上。

3　在烤箱里烤至奶酪化开就可以取出面包，最后放上欧芹点缀，再撒上黑胡椒即可。

要点

注意鳗鱼不要放歪
因为面包片基本上两口就可以吃完，所以鳗鱼均匀放于面包片两端会比较好。

新鲜出炉的烤面包片比较好吃，如果家中有客人，等人到齐之后再烤比较好！

1 人份	制作时间
103 千卡	10 分钟

只需放上番茄丁就能
让料理变得更好看

意式番茄烤面包片

材料【2 人份】

切片法棍面包（1 厘米厚）
……8 片
番茄……1 个
罗勒……1 根

Ⓐ 盐……1/4 小勺
特级初榨橄榄油
……2 大勺
大蒜……1 瓣

做法

1 番茄去蒂拦腰切两半，去瓤切成 1 厘米见方的小块。放入碗中，加材料Ⓐ搅拌。
2 面包放入面包机中烤至酥脆，切口处擦上大蒜，放上步骤 1 的材料。用罗勒叶装饰即可。

要点

番茄要拦腰切成两半去瓤
去瓤的要点在于把番茄拦腰切两半，用勺子挖去即可。

1 人份	制作时间
223 千卡	8 分钟

用大蒜和橄榄油就能
简单制成

香蒜吐司

材料【2 人份】

法棍面包……15 厘米
大蒜……1 瓣
特级初榨橄榄油
……适量

做法

1 先将面包横向对切成两半，再将每块竖着切成 4 等份（也可以按个人喜好切成薄片）。
2 面包放入面包机中烤至酥脆，切口处擦上大蒜（擦太多会辣，所以要轻擦），最后滴上橄榄油即可。

要点

在烤面包上抹大蒜
在烤面包上抹大蒜是正宗意式做法。如果不能吃辣，可以抹上大蒜后再烤面包。

原来在意大利用的不是黄油而是橄榄油啊！

因为加油之后不再加热，所以一定要用特级初榨橄榄油！

1/4 份　制作时间
311 千卡　20 分钟

让乏味的蔬菜条变得时尚！
配合着浓郁的酱汁，不管多少都吃得下去

皮埃蒙特酱

材料【方便制作的分量】

酱汁
- 大蒜……4 瓣（30 克）
- 鳀鱼罐头……30 克
- 橄榄油……3 大勺
- 鲜奶油……1 量杯

自己喜欢的蔬菜
（红彩椒、芹菜、芜菁、黄瓜等）……各适量

> 水煮后的土豆、胡萝卜、西兰花、菜花等热蔬菜搭配这个酱也很好吃。

 用油煮大蒜

大蒜竖着切成两半去芽，和橄榄油一起放入锅中。稍微倾斜锅，用小火慢慢加热。

放入鳀鱼并戳碎

待大蒜香味逸出且稍微变色后，熄火加入鳀鱼，用铲子把大蒜和鳀鱼戳碎。

 **加入鲜奶油**

加入鲜奶油后，煮至如蛋黄酱般黏稠。根据个人喜好还可以放入料理机中搅拌至更加顺滑。

 **切蔬菜**

为了方便蘸酱食用，蔬菜切成条状。和酱一起放入盘中即可。

> 原本制作这个酱只需要将橄榄油、大蒜和鳀鱼加热即可，所以在步骤 2 完成也是可以的。不过加入鲜奶油后酱会变得更顺滑易食用。

 涂在面包上也很好吃！

1 人份	制作时间
213 千卡	10 分钟

只需 3 种食材，色味俱全，
熟透的番茄起决定作用

卡布里沙拉

材料【2 人份】

成熟番茄……1 个
马苏里拉奶酪……1 块
罗勒……1 枝
盐、粗磨黑胡椒……各适量
特级初榨橄榄油……适量

做法

1 番茄切成 7 毫米厚的半圆形。

2 马苏里拉奶酪切成和番茄一样的大小。

3 将步骤 1 和步骤 2 的材料交替摆放在盘中，撒上盐和黑胡椒，淋上橄榄油。点缀上罗勒叶，按照个人喜好可添加黑葡萄醋。

也可以将番茄换成圣女果，马苏里拉奶酪切成适口大小即可。还可以放在碗中搅拌，或者用扦子穿起来食用。

升级版

把半个圣女果、罗勒叶和适口大小的马苏里拉奶酪依序用扦子固定住，撒上盐和橄榄油即可。

1 人份　　制作时间
144 千卡　**10 分钟**
※ 不含冷藏时间

可任意搭配所有主食的嫩叶沙拉，
撒上坚果、奶酪让这道菜变得更时尚

绿色沙拉

材料【2 人份】
嫩菜叶……1 包
芝麻菜……1 枝
杏仁片……2 大勺
特级初榨橄榄油……1 大勺
盐……少许
黑葡萄醋（或柠檬汁）
　　……1 小勺
帕玛森奶酪……适量

做法

1　嫩菜叶和芝麻叶洗净，
沥干水分。塑料袋中铺
上厨房纸巾，放入食材，
充满空气后封口，放入
冰箱冷藏室中静置二三
小时。

2　杏仁片放入较深的耐热
容器中，不贴保鲜膜，
用微波炉 600 瓦的火力
加热 1 分钟，稍微翻一
下杏仁片，再加热 1 分钟，
冷却。

3　把步骤 1 塑料袋中的厨
房纸巾抽走，加入橄榄
油，让袋子里充满空气，
摇晃袋子让菜叶和橄榄
油混合均匀，再加入盐
摇晃均匀，盛入碗中。
撒上步骤 2 的杏仁片，
帕玛森奶酪用刨皮器削
片做点缀，最后洒上黑
葡萄醋即可。

要点

厨房纸巾可以正
好吸走蔬菜上多
余的水分
厨房纸巾可以吸
走蔬菜洗后残留
的水分，还可以使
蔬菜保持新鲜，更
加爽口。

要点

也可以用塑料袋
来混合食材
抽走厨房纸巾加入
橄榄油，让袋中充
满空气再摇晃搅
拌，蔬菜就不会因
为多余的动作而蔫
掉了。

1人份
172千卡
制作时间
15分钟

多种蔬菜的美味集合，
只需微波炉加热就能快速完成

意式南瓜丁酱

材料【方便制作的量】

南瓜……150 克
洋葱……1/2 个
西葫芦……1/2 根
青椒……2 个
番茄……1 个
大蒜……1 瓣
盐……1/2 小勺
橄榄油……1 大勺

> 切丁的蔬菜可以放在烤面包片上，也可以做肉菜的点缀，等等。根据个人喜好决定丁的大小，加热时间不变。100 克加热 12 分钟左右即可。

① **准备材料**

南瓜、洋葱、西葫芦和青椒切成 1 厘米见方的小块，大蒜压碎。

② **加入调味料**

耐热容器中放入步骤 1 的材料，加盐和橄榄油搅拌均匀。

③ **放上番茄，加热**

番茄去蒂，拦腰切成两半，切口朝下放在步骤 2 的容器中。轻轻盖上保鲜膜，用微波炉 600 瓦的火力加热 8 分钟。

④ **搅拌**

去除番茄的皮。

> 可以轻松地去皮！

> 不用泡在热水里也可以去掉，是不是很方便呀？

戳碎番茄，和其他食材搅拌均匀即可。

> 不管冷热都很好吃！

1 人份	制作时间
243 千卡	15 分钟

湿润度恰到好处的面包，
搭配蔬菜沙拉，制成令人惊奇的美味

意式面包沙拉

材料【2 人份】

法棍面包……10 厘米
芹菜……10 厘米
黄瓜……1/2 根
黄彩椒……1/4 个
番茄……1/2 个
罗勒……1 枝
Ⓐ 盐……1/4 小勺
　特级初榨橄榄油……2 大勺
　柠檬汁……1 大勺
　续随子（可不加）……1 小勺
　砂糖……1 小把

做法

1 法棍面包浸在水里（若太硬可泡二三分钟），泡柔软之后撕成适口大小，挤出多余水分。

2 芹菜去筋切薄片。黄瓜用刨皮器削成条纹状，切片。彩椒切成 7 毫米宽的条。番茄切成适口大小。罗勒取叶，留出装饰用的部分，剩下的撕碎。

3 碗中放入材料Ⓐ混合搅拌，加入步骤 2 的材料搅拌之后再加入步骤 1 的面包，均匀搅拌之后盛出，再放上罗勒叶点缀即可。

变硬的面包可以"起死回生"

要点

面包先用水浸泡后再挤干哦
将面包先用水浸软，然后再吸收沙拉的酱汁，就不会过酸，吃起来味道刚好。

1 人份	制作时间
136 千卡	10 分钟

清爽的酱汁，满满的蔬菜，
刺身也能变得色彩夺目、口感丰富

扇贝卡帕奇欧

材料【2 人份】

刺身用扇贝肉……150 克
盐……少许
柠檬汁……1 小勺
黄瓜……1/2 根
芹菜……5 厘米
圣女果……3 个
Ⓐ 特级初榨橄榄油……1 大勺
黑葡萄醋……1/2 大勺
盐……少许
柠檬皮屑……1/4 个柠檬量

做法

1 将每块扇贝切成 3 等份，摆放在盘子里，撒上盐和柠檬汁。

2 碗中放入材料Ⓐ，搅拌均匀，黄瓜和芹菜切成 3 毫米见方的小丁，放入碗中搅拌。

3 向步骤 1 的盘子中加入步骤 2 的材料，再点缀上切成 4 等份的圣女果，最后撒上柠檬皮屑即可。

要点

蔬菜切丁后再加入酱汁中
蔬菜切成 3 毫米见方的小丁，就能和酱汁完美融合在一起，更方便与扇贝一起食用。

扇贝比鱼肉更好切！

扇贝肉本身带有鲜味，所以料理的时候可以适当减少盐的使用。

多种香味和不同口感的完美融合，
万能的章鱼成就了一道极其时尚的前菜

热热的章鱼番茄干沙拉

材料【2 人份】

水煮章鱼……200 克
番茄干……1/2 个
芹菜……1 小根
柠檬汁……1 大勺
盐、胡椒碎……各适量
柠檬皮丝……1 小勺
欧芹末……1 大勺

A 橄榄油……3 大勺
干辣椒圈……1/2 个量
大蒜片……1 瓣

做法

1　章鱼切 5 毫米厚备用。

2　番茄干泡发（见第 10 页），切丁。芹菜去筋切 5 毫米厚备用。

3　碗中放入芹菜，撒上盐，再放上章鱼。淋一圈柠檬汁，撒上盐、胡椒碎、番茄干和柠檬皮丝，最后撒上欧芹末。

4　小锅中放入材料A加热，待大蒜变成金黄色就可以淋到步骤 3 碗中的材料上。放置 5 分钟左右即可食用。

要点

用热油让食材入味
把芹菜和章鱼美美地摆盘后，浇上热油，食材会更入味哦。

香味一下就进发出来了！

番茄干、柠檬、芹菜、蒜油……这道菜简直就是香味的宝库啊！

1 人份	制作时间
290 千卡	15 分钟

Part 3

蔬菜满满
丰富又温和的口感是重点

汤 & 烩饭

内含蔬菜、豆子、鸡蛋等营养丰富的汤品。
即使用家里现有的食材任意搭配出来，也能
变成一道温暖身心的美味。
在家里也能方便做出热乎乎的烩饭！

1 人份	制作时间
187 千卡	45 分钟

家里现有的蔬菜都可以放进去，
用剩的意大利面不要浪费，也可以放进去

意大利蔬菜浓汤

材料【4 人份】

洋葱……1/2 个
胡萝卜……1/4 根
土豆……1 个
芹菜……50 克
圆白菜叶……2 片
（或选用自己喜欢
的蔬菜 400 克）
小香肠……3 根

意大利面……30 克
橄榄油……1 大勺
Ⓐ 水……2 量杯
白葡萄酒……2 大勺
浓汤宝……2 个
番茄汁……1 量杯
帕玛森奶酪、粗磨黑胡椒、
盐……各适量

炒洋葱

洋葱切成 1 厘米见方
的小块放入锅中，裹上
橄榄油后开中火加热。
加热洋葱时，把剩余
的蔬菜切成 1 厘米见
方的小块。

加入其他蔬菜

待洋葱发出清甜的香
气后，再按照切菜的
顺序依次加入其他蔬
菜丁。

一定要先炒
洋葱吗？

这是为了炒出洋葱的甜味。
所有蔬菜无须一开始切好，边切边
下锅的做菜效率比较高。

炖煮

加入材料Ⓐ，开锅后煮
20~30 分钟。

加意大利面

下意大利面时要算好
煮面和蒸锅汤起锅的
时间，要刚好才可以。
下面时把面条折成 2
厘米的长度。

起锅

加入番茄汁和切成 1
厘米厚的香肠块，熄
火。尝一下味道，用
盐调味。

为了让香肠保
持原来的风味，
起锅时再加入。

撒奶酪

盛出来后，撒上用刨
皮器刨出的帕玛森奶
酪屑和黑胡椒即可。
按个人喜好也可以加
一些特级初榨橄榄油。

1 人份
393 千卡

制作时间
45 分钟

放入发硬的法棍面包和豆糊，
制成适合作为早餐食用的汤品

托斯卡纳面包汤

材料【2 人份】

洋葱……1/2 个
胡萝卜……1/2 根
西葫芦……1/2 根
菠菜……1/2 根
橄榄油……1 大勺
Ⓐ 水……3 量杯
　浓汤宝……1 个
水煮白芸豆……
　半袋（190 克）

Ⓑ 水……1/4 量杯
　橄榄油……1 大勺
　盐……1/4 小勺
　鼠尾草（可不加）
　　……少许
法棍面包（2 厘米厚）
　……4 片
粗磨黑胡椒……适量
盐……适量

3 制作豆糊

向耐热容器中放入白芸豆和材料Ⓑ，盖上保鲜膜放入微波炉用 600 瓦的火力加热 3 分钟，捞出鼠尾草后用叉子碾碎豆子。

如果没有白芸豆，也可以使用红芸豆或金时豆。不仅是水煮的豆子，蒸的豆子也可以使用。

4 加法棍面包

向步骤 2 的锅中加入面包，煮软，再用盐调味。

1 炒洋葱

洋葱切成 1 厘米见方的小块放入锅中，裹上橄榄油后开火加热。加热洋葱时，把胡萝卜、西葫芦切成 1 厘米见方的小块，菠菜切 1 厘米长备用。

5 摆盘

将步骤 4 的材料盛出，放上步骤 3 的豆糊，再撒上黑胡椒即可。按照个人喜好可淋上特级初榨橄榄油。

2 加入剩余蔬菜炖煮

待洋葱散发出清甜的香气后，再按照切菜顺序依次加入其他蔬菜丁。加入材料Ⓐ，开锅后转小火煮 20~30 分钟。

 这道菜的意大利语（Rebolitta）意为二次炖煮。活用了发硬的面包、剩下的汤和豆子，让它们重新变得美味，满含意大利人在美食方面的智慧。

81

经典的普罗旺斯鱼汤，
番茄的酸味和香料的味道具有画龙点睛的作用

海鲜汤

材料【4~5 人份】

金目鲷……3 块
蛤蜊（带壳）……250 克
菜花……80 克
洋葱……1/4 个
胡萝卜……30 克
番茄……1/2 个
橄榄油……1.5 大勺
白葡萄酒……2 大勺
高汤 ※……6 量杯
月桂叶……1 片
盐……适量
胡椒碎……少许
蒜末、欧芹末……各少许

※ 可以用市售的浓汤宝等制作高汤

做法

1. 鱼肉四等分，撒盐放入漏勺中，迅速焯一下。蛤蜊吐沙，用相互摩擦的方法清洗壳。

2. 菜花掰成小朵。洋葱切片，胡萝卜切丁。番茄去蒂，切块。

3. 锅中加入橄榄油、洋葱和胡萝卜，用中小火翻炒三四分钟。加入白葡萄酒炖煮，再加入番茄稍微翻炒一下。

4. 加入高汤、月桂叶和菜花煮七八分钟，再加鱼肉煮二三分钟。

5. 加入蛤蜊，蛤蜊开口后加入 1.5 小勺盐，再用胡椒碎调味。加入蒜末、欧芹末之后即可出锅。根据个人喜好可添加干辣椒。

（要点）

最后再加蛤蜊
如果蛤蜊加热时间过长，蛤蜊肉就会收缩变紧，所以最后再加会比较好，等蛤蜊一开口就可以准备马上起锅了。

1 人份
210 千卡

制作时间
25 分钟

把面包泡在汤里也很好吃

1 人份
105 千卡　制作时间 20 分钟

奶酪满满的意式鸡蛋汤，
添加番茄和欧芹瞬间变得色彩美丽

奶酪鸡蛋汤

材料【2 人份】

洋葱……1/4 个
圣女果……3 个
鸡蛋……1 个
帕玛森奶酪屑……20 克
　　（2 大勺）
Ⓐ 水……2 量杯
　　浓汤宝……1 个
盐……少许
欧芹末……适量

做法

1　洋葱切片。圣女果去蒂，拦腰切两半。

2　锅中放入洋葱和材料Ⓐ，开小火煮 10~15 分钟。

3　碗中打入鸡蛋，加入帕玛森奶酪屑搅拌均匀，倒入步骤 2 的锅中迅速搅拌。

4　加入圣女果，用盐调味后盛出，撒上欧芹末。

要点

鸡蛋中加入奶酪
如果往鸡蛋里加入帕玛森奶酪，会变得口感更浓厚、更好吃。

要点

鸡蛋稍煮一下即可
煮开的汤里倒入蛋液，待蛋花飘起后即可熄火。

步骤虽然简单，吃起来却有餐厅制作的风味！

1 人份	制作时间
372 千卡	25 分钟

烩饭的守则是"不洗米、18分钟"，
只要遵守这个，在家里也能轻松制作出餐厅的风味

黄油奶酪烩饭

材料【2人份】
米……3/4 量杯
洋葱……1/8 个
橄榄油……1 大勺
白葡萄酒……2 大勺
Ⓐ 浓汤宝……1 个
  水……2.5 量杯
黄油……1 大勺
帕玛森奶酪屑……2 大勺
盐、胡椒碎……各适量

4

加白葡萄酒

加入白葡萄酒，计时器设置18分钟。保持大火用木铲持续搅拌炖煮。

> 加入白葡萄酒后一定要煮18分钟！

制作高汤

锅中放入材料Ⓐ，大火煮至浓汤宝化开，用盐和胡椒碎调味。转小火保温。

5

加高汤

锅中加入步骤1的半量杯热汤，边搅拌边炖煮，让米充分吸收高汤。若锅中汤汁变少，就每次用汤勺添加一勺半的量进锅中继续搅拌，不断重复上述过程。

炒洋葱

洋葱切丁，和橄榄油一起放入稍深的锅中，中火翻炒。

6

加入黄油和奶酪

即便高汤没用完，加热的18分钟必须严守。熄火之后加入黄油和帕玛森奶酪，持续搅拌2分钟即可。

炒米

洋葱变透明后，加入未清洗的米，大火炒至米吸满油为止。

> 米不用清洗吗？

> 洗过的米会吸水，就吸收不了太多高汤了。

如图所示，达到黄油和奶酪充分混合在一起的状态即可出锅。

鲜味满满的饭粒香菇，
香味和嚼劲是这道料理的最大魅力

蘑菇烩饭

1 人份	制作时间
387 千卡	35 分钟

材料【2 人份】

米……3/4 量杯
香菇……4 朵
口蘑……1 包
杏鲍菇……2 个
洋葱……1/8 个
橄榄油……1 大勺
白葡萄酒……2 大勺
Ⓐ 浓汤宝……1 个
　 水……2.5 量杯
黄油……1 大勺
帕玛森奶酪屑……2 大勺
盐、胡椒碎……各适量

做法

1 香菇和口蘑去根四等分。杏鲍菇用手撕成小块再拦腰切两半。洋葱切末。

2 锅中放入材料Ⓐ炖煮高汤，加入盐和胡椒碎调味。深口锅中加入橄榄油和洋葱翻炒，米不用清洗，加入锅中一同翻炒（过程参照第 85 页的步骤 1~3）。

3 米粒浸满油后，加入各种菇搅拌均匀。

要点

也可多放一些蘑菇
即便锅中满是蘑菇，但炒制过程中蘑菇的体积会缩小，会和米饭很好地融合在一起，所以不用担心蘑菇是不是放多了。

4 计时器设置18分钟，加入白葡萄酒，大火炖煮，其间用铲子不停地搅拌。若锅中汤汁变少，就每次用汤勺添加一勺半的量进锅中继续搅拌，不断重复上述过程。到时间后熄火，加入黄油和帕玛森奶酪，搅拌 2 分钟。盛出，根据个人喜好可添加帕玛森奶酪屑。

 蘑菇的选择可以按照自己的喜好使用金针菇或灰树菇，甚至可以使用牛肝菌（参照第11页）。

材料【2 人份】

米……3/4 量杯
成熟番茄……2 个
洋葱……1/8 个
橄榄油……1 大勺
白葡萄酒……2 大勺
Ⓐ 浓汤宝……1 个
┃ 水……2.5 量杯
黄油……1 大勺
帕玛森奶酪屑……2 大勺
盐、胡椒碎……各适量

做法

1 番茄去蒂拦腰切成两半，去瓤切丁。
   洋葱切末。

2 锅中加入材料Ⓐ，高汤煮开加入盐
   和胡椒碎调味。深口锅中加入橄榄
   油和洋葱翻炒，米无须清洗，直接
   加入锅中翻炒（过程参照第 85 页
   步骤 1~3）。

3 米浸满油后，计时器设定 18 分钟，
   加入白葡萄酒和番茄，大火炖煮，
   其间需要不停地用铲子搅拌。

要点

番茄和白葡萄酒一
同加入锅中
番茄水分较多，应
该和白葡萄酒一同
加入锅中，和米一
起下锅就过早了。

4 若锅中汤汁变少，就每次用汤勺添
   加一勺半的量进锅中继续搅拌，不
   断重复上述过程。到时间后熄火，
   加入黄油和帕玛森奶酪，搅拌 2 分
   钟。盛出，根据个人喜好可添加帕
   玛森奶酪屑。

有蔬菜比较
健康！

如果是芦笋这类比较硬的蔬菜，
和米一起翻炒，在时间上刚刚好。

重点在于要使用熟透了的番茄，
这是一道酸甜适中、色彩艳丽的料理

鲜番茄烩饭

1 人份	制作时间
410 千卡	30 分钟

用剩下的烩饭做可乐饼也是一绝，
化开的奶酪会让口感变得更好！

米饭可乐饼

1 人份	制作时间
56~74 千卡	15 分钟

材料【12~16 个】

烩饭（见第 85 页）……2 人份
马苏里拉奶酪……1/2 块
面包棒……1/2 袋
低筋面粉、蛋液、煎炸油……各适量

做法

1 烩饭用擀面杖摊平冷却。

2 马苏里拉奶酪切成 1 厘米见方的小块。

3 面包棒大致弄碎后放入料理机或蒜臼中弄成粉末状。

4 把步骤 1 的烩饭分成 12~16 等份，把步骤 2 的奶酪包入烩饭中，再团成球状，按照低筋面粉、蛋液、面包糠的顺序挂上糊。

要点

用烩饭包住奶酪
为了不让奶酪漏到油里，要把奶酪包到烩饭的正中央，不要让奶酪漏出来。

5 用 170℃ 的油将可乐饼炸至金黄即可。

圆溜溜，真可爱！

烩饭经过冷却会变硬，方便做成团。

主厨的菜单

教你制作名店的人气料理

经常预约不到的有名意大利餐馆主厨，在这里破例公开店里人气料理的制作方法！教授给我们在家也能把这些料理做得好吃的秘诀。

承蒙主厨们的指导

LA BETTOLA da Ochiai

落合务 主厨

第 90~95 页

落合主厨为了提高制作法餐的手艺去了欧洲，偶然被罗马的一家意大利料理餐厅所吸引，从此便走上了探索意大利料理之旅。学习 3 年后回到日本，1997 年开创 "LA BETTOLA da Ochiai" 餐厅，被誉为 "日本最难预约的餐厅"。落合主厨现在任职 4 家意大利料理店的主厨，因为出书、上节目、开发新菜品，过着忙碌的生活。

Al Porto

片冈护 主厨

第 96、97 页

作为日本领事馆的厨师，片冈主厨在意大利米兰生活了 5 年，学习到了正宗意大利料理的制作方法。回国之后，在担任玛丽亚等饭店主厨的同时，1983 年在日本西麻布开创 "Al Porto" 餐厅，是在日本发扬意大利料理先驱者式的人物。他在电视、杂志上介绍了很受欢迎的简单菜式。

RISTORANTE HiRo

山田宏巳 主厨

第 98~100 页

1995 年在日本南青山开创 "RISTORANTE HiRo" 餐厅。1999 年，在意大利料理专门杂志《意大利大红虾》（Gambero Rosso）的 "最受期待料理人" 一栏拔得头筹，在第二年的西方七国首脑会议作为意大利首相的专属厨师开展了工作。现在一边担任着 7 家餐厅的厨师长，一边亲自经营着一家叫做 "Hi Rosofi" 的半开放餐厅。

ACQUA PAZZA

日高良实 主厨

第 101、102 页

习得法餐制作方法后，日高主厨决定把重心放到意大利料理上。以 "Enoteca Pinchiorri"（意大利知名餐厅）为首，他在意大利各地的名店进行了 3 年的学习，店铺数超过了 14 家。回国后，日高主厨先在意大利餐厅 "RISTORANTE 山崎" 担任厨师长，之后在日本西麻布开创 "ACQUA PAZZA" 餐厅，自己担任厨师长。现在日高主厨以日本广尾为据点，自己进行意大利料理菜品的开发。

1 人份	制作时间
771 千卡	**20** 分钟

落合主厨

教给你们一道店里深受欢迎的意大利面料理。顺滑醇厚的酱汁配合奶酪和胡椒碎的香味，一定非常好吃，请尝试自己制作。

黑椒鸡蛋培根意大利面

材料【2 人份】

意大利实心粉……160 克
培根（块状 ※）……80 克
鸡蛋……2 个
蛋黄……2 个
帕玛森奶酪屑……3 大勺
粗磨黑胡椒……适量
橄榄油……2 大勺

※ 块状培根比较好吃，若条件允许，请选择块状培根

1 ### 准备材料

培根切成 7 毫米宽的棒状。碗中放入鸡蛋和蛋黄（蛋黄分离方法：在另一个碗中打入鸡蛋，用手将蛋黄捞出）。

加入帕玛森奶酪屑和胡椒均匀搅拌。胡椒大概需要撒 15 次。

主厨的秘诀

奶酪和黑胡椒一定要多撒一些！一定要！

2 ### 煮面

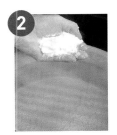

锅中加入 2 升水、1 大勺多盐（4 小勺），煮沸。煮面时间设定得比包装上的时间短 1 分钟，中途取出 1/4 量杯面汤。

3 ### 炒制培根

平底锅中加入橄榄油和培根，中火翻炒。炒出油，待培根外表变得酥脆，加入 120 毫升水（或白葡萄酒），为防止烧焦，转小火，把水烧干。

主厨的秘诀

培根会让水分慢慢蒸发掉。

加入煮面汤摇晃平底锅，待汤汁稍变浓稠、变白之后（油脂和水分混合乳化之后）熄火。

4 ### 把面和食材混合

面煮熟了之后捞出，加入到步骤 3 的平底锅中搅拌。

加入蛋液开小火，搅拌至锅中呈轻微的奶油状。看到酱汁稍微凝固就把锅从火上移开，过一会儿再把锅放回火上，重复几次即可。

主厨的秘诀

稍不注意就会变成炒鸡蛋！注意不要炒过火。

落合主厨

能够快速制作的餐厅内部料理。请好好品尝带有蛤蜊鲜味的汤。

蛤蜊竹笋意大利面

1 人份	制作时间
506 千卡	20 分钟

材料【2 人份】

意大利实心粉……160 克
蛤蜊（带壳）……200 克
水煮竹笋……1/4 根
大蒜……2 瓣
橄榄油……3 大勺
干辣椒圈……适量
欧芹末……适量
白葡萄酒……2 大勺
盐、胡椒碎……各适量

做法

1 蛤蜊吐沙，用相互摩擦的方法清洗壳。竹笋切成三四毫米厚的小块。大蒜压碎。

2 锅中加入 2 升水、1 大勺多盐（4 小勺），煮沸，煮面时间设定得比包装上的时间短 1 分钟，中途取出 1/2 量杯面汤。

3 平底锅中加入橄榄油和大蒜，开最小火加热至锅中冒出蒜香。加入辣椒、蛤蜊轻轻翻炒，再倒入白葡萄酒，盖上盖子炖煮。

4 蛤蜊开口之后揭开盖子，加入竹笋。观察锅中情况，可以适当加入面汤调整，煮至稍微黏稠，汤汁乳化即可。

主厨的秘诀

加入面汤炖煮至乳化会很好吃

油和水分混合乳化之后会变得稍微黏稠，这样酱汁也会更容易裹在面条上。

5 煮好后将面条沥干，加入步骤 4 的锅中迅速搅拌，用盐和胡椒碎来调味。盛出，撒上欧芹末即可。

材料【2 人份】

意大利实心粉……160 克
樱花虾（油炸）……140 克
　（干樱花虾则用 80 克）
油菜花……80 克
大蒜……2 瓣
干辣椒……1 个
橄榄油……3 大勺
白葡萄酒……1.5 大勺
盐……适量

做法

1 油菜花去除根部坚硬的部分，切成
　一两厘米的段。大蒜压碎。干辣椒
　去子切成适口大小。

2 锅中加入 2 升水、1 大勺多盐（4
　小勺），煮沸。煮面时间设定得比
　包装上的时间短 1 分钟。中途把油
　菜花放在漏勺中一同放入锅中焯 15
　秒后捞出，取 1/2 量杯面汤备用。

3 平底锅中放入橄榄油和大蒜，小火
　加热至锅中冒出蒜香。加入樱花虾
　后转大火，不停翻炒至冒出香味，
　再加入辣椒、油菜花，翻炒均匀。

主厨的秘诀

↑
翻炒能引出樱花虾
的香味哦

樱花虾要在高温
下翻炒至表面酥
脆，使用干樱花
虾也一样。

4 倒入白葡萄酒，如果汤汁不够就加
　面汤，充分炖煮至汤汁乳化。

5 煮好后将面条沥干，加入步骤 4 的
　锅中搅拌均匀即可。

落合主厨

樱花虾的香气会充满整个口腔。
如果买不到油炸樱花虾，也可以直接使
用干樱花虾。

樱花虾油菜花蒜香
橄榄油意大利面

1 人份	制作时间
561 千卡	20 分钟

落合主厨

蘑菇用手撕更能保留原味。
手撕蘑菇还可以作为意大利面的酱汁，
是不是很方便呀？

辣味猪肉蘑菇番茄
意大利面

1人份	制作时间
443 千卡	15 分钟

材料【4 人份】

猪五花肉……300 克
番茄罐头……400 克
口蘑……1 包
灰树菇……1 包
香菇……1 包
大蒜……1 瓣
干辣椒……1 个
盐、橄榄油……各适量
欧芹碎……适量

做法

1 猪五花肉切成宽 5 厘米的片，撒少许盐。菇类去除根部。大蒜切片。辣椒去子切碎。

2 平底锅中加入 3 大勺橄榄油和大蒜，中火加热，冒泡后转小火慢慢加热至锅中冒出蒜香。

3 把锅从火上移开，加入辣椒，利用余温加热。开大火加入猪肉，炒散。八成熟后把猪肉盛出。

主厨的秘诀

盛出是为了不让猪肉变老

猪肉先用大火快速加热，然后马上盛出。吸收了肉汁的油留在锅中备用。

4 把平底锅从火上移开，番茄用手弄碎一些加入锅中，再开中火加热。尝一下味道，用盐调味，菇类用手撕成适口大小，边撕边放入锅中。

5 倒入之前处理好的猪肉，用盐调味，加入 1 大勺橄榄油均匀搅拌。盛出，撒上欧芹即可。

材料【4 人份】

竹荚鱼 [※]……4 条

盐、胡椒粉、小麦粉、蛋液、面包糠、色拉油、黄油……各适量

🅐 蛋黄酱……1 量杯

　　橄榄油……1/2 量杯

　　水煮蛋丁……4 个

　　螃蟹罐头（带汤汁）……1 小罐

　　洋葱末……1/4 个

　　腌黄瓜丁……1 根

　　续随子丁……1 小勺

圆白菜丝……1/4 个

欧芹……适量

※ 也可替换为鲑鱼、白肉鱼、虾、鱿鱼等

做法

1　制作塔塔酱。在材料🅐中的洋葱末上撒盐，静置片刻，挤出水分。在蛋黄酱中加入 1 大勺橄榄油，用打蛋器搅拌均匀，再把材料🅐中剩下的食材一起加入搅拌。

2　竹荚鱼每条切成 3 段，去除腹部的刺，用手剥去鱼皮。两面撒上盐和胡椒粉，抹上小麦粉，浸入蛋液（蛋液中加入蛋液体积 1/4 量的水）中，再放入细细的面包糠中，用手轻轻按压使其裹上面包糠。

裹上细细的面包糠再煎

保鲜袋中放入面包糠挤出空气，用拳头轻轻敲击，把面包糠弄得更细一些。

3　平底锅中倒入大量色拉油和黄油，中火加热，锅中并排放入步骤 2 的竹荚鱼。摇晃锅子让鱼肉均匀接触热油，两面都要煎。

4　盘子中央摆上圆白菜丝，把竹荚鱼摆成放射状。四周放上塔塔酱，最后用欧芹装饰即可。

落合主厨

饭店会使用极细的面包糠。
诀窍就在于奢侈的蟹味塔塔酱。

煎面包糠竹荚鱼

1 人份	制作时间
860 千卡	25 分钟

片冈主厨

以乌贼的鲜味为基础，用白葡萄酒增加菜品口感的深度。

乌贼蚕豆意大利面

1 人份	制作时间
586 千卡	20 分钟

材料【2 人份】

意大利实心粉……160 克
长枪乌贼（已处理）……140 克
蚕豆……20 颗
大蒜……1 瓣
干辣椒……1/2 个
欧芹末……适量
橄榄油……3 大勺
白葡萄酒……1/4 量杯
盐、胡椒碎……各适量

做法

1 蚕豆用盐水煮过后去皮。乌贼去皮后把鱼肉切成 8 毫米厚的圈，乌贼脚切丁。大蒜切末。干辣椒去子切适当大小。

2 平底锅中加入橄榄油、蒜末和辣椒，开小火加热，待香味出来后加入欧芹末。

3 加入乌贼快速翻炒，再加入白葡萄酒和水（5/3 大勺），中火煮 8~10 分钟。加入蚕豆，用盐和胡椒碎调味。

主厨的秘诀

乌贼要炖煮得软一些，让它释放鲜味。

乌贼要煮 8~10 分钟让肉质变得柔软，这样能在酱汁中保持乌贼的原汁原味。

4 锅中加入 3 升水、2 大勺盐，煮沸。煮面时间设定得比包装上的时间短 1 分钟。煮熟后将面条沥干，加入到步骤 3 的锅中搅拌。最后也可按照个人喜好在盘子四周撒上胡椒盐。

材料【4 人份】

鸡腿肉……1 块（240 克）
盐、胡椒碎、小麦粉……各适量
洋葱……1/3 个
大蒜……2 瓣
番茄……1 个
豆角……10 根
水煮白芸豆……80 克
迷迭香……2 根
橄榄油……3 大勺
Ⓐ 醋……2 大勺
│ 白葡萄酒……1/2 量杯
Ⓑ 黑橄榄……10 个
│ 续随子……1 大勺
│ 鳀鱼……1 条
欧芹末……适量

做法

1 洋葱切片，和 1 大勺橄榄油一起加
　入预热过的平底锅中，小火加热至
　变软。大蒜用手拍扁。

2 鸡肉切成适口大小，撒上盐和胡椒
　碎，用手搅拌均匀，抹上小麦粉后，
　抖落多余的粉末。

3 在另一口平底锅内，加入 1 大勺橄
　榄油和大蒜，开中火，把步骤 2 的
　鸡肉放入锅中煎。迷迭香撕成小段
　放入锅中，鸡肉变金黄后翻面继续
　煎。锅中加入材料Ⓐ，搅拌均匀，
　再加入材料Ⓑ，继续搅拌。

4 加入洋葱，盖上锅盖，小火煮 10 分
　钟。揭开锅盖，不时摇动一下锅子，
　如果锅中水分不够，加入水再用小
　火炖煮 15 分钟。

5 重新拿出一口平底锅，加入 1 大勺
　橄榄油，加热，加入豆角和切成六
　瓣的番茄，中火翻炒，撒上少许盐。
　加入白芸豆炖煮一下，撒上胡椒碎。

6 将步骤 4 和步骤 5 的材料盛出摆盘，
　最后撒上欧芹末即可。

片冈主厨

被酸酸甜甜的蔬菜酱汁包裹着的肉很美味。

猎人风味烧鸡腿肉

1 人份	制作时间
297 千卡	40 分钟

1 人份	制作时间
357 千卡	20 分钟

山田主厨

用甘甜的水果番茄制成的冷食意大利面。
传授给你本店的特制一品，教你完美平衡番茄的酸味和甜味。

水果番茄冷意大利面

材料【2 人份】

天使面（见第 8 页）……70 克
水果番茄 ※……6 个
A 蒜末……少许
　柠檬汁……1/2 个量
　盐、胡椒碎……各适量
　橄榄油……3 大勺
罗勒叶……3 片

※ 若没有，也可以用普通的番茄来代替。这种情况下，诀窍是将番茄切成 1 厘米见方的小块后用蜂蜜来补充甜味。酸味不足，则可以加醋来补充。

1 番茄泡入热水中去皮

番茄去蒂，在与蒂相对的一边切浅浅的十字花刀。这样比较容易剥皮。

水开后放入番茄，数 5 个数之后即可捞起。

主厨的秘诀

待番茄皮翘起，马上捞出。

捞出的番茄浸入冰水中快速冷却，剥皮。用刀尖起头，随后顺势撕下即可。

2 制作酱汁

番茄切 8 等份成月牙状后放入碗中，加入材料 A，罗勒叶撕成小块加入。

搅拌二三分钟，直至碗中食材开始变得黏稠，盖上保鲜膜放入冰箱中冷却。

主厨的秘诀

油和水分乳化后，口感会变得温和。

3 煮面

向锅中加入大量水，以及水量 1% 的盐，煮沸。加入天使面，煮面时间设定得比包装袋上的时间长 1 分钟。沥干后马上放入冰水中，冷却后捞出，用布轻轻拭去多余的水分。

主厨的秘诀

面条要煮到能够用筷子卷起来那么柔软。

4 装盘

面条堆成山状。步骤 2 的酱汁搅拌后再加到面上。

山田主厨

这原本是一道用剩下的烩饭制成的员工料理。外皮酥脆，里面的奶酪绵长，很美味！

简易烤烩饭

1 人份	制作时间
642 千卡	15 分钟

材料【1 块】

冷饭……1 小碗
帕玛森奶酪屑……1/3 量杯
黄油……40 克

做法

1 冷饭在微波炉中用 500 瓦的火力加热约 1 分钟，放入碗中，加入帕玛森奶酪搅拌均匀。

主厨的秘诀

满满的奶酪

奶酪会因为米饭的热量而化开，释放出香味。

2 平底锅中加入黄油，大火加热至化开，锅中倒入步骤 1 的米饭，将其修整成圆形，一边摇晃锅子一边用中大火煎米饭。待米饭变为金黄色后翻面继续煎，用锅铲压一压米饭，倾斜平底锅，除去多余的油分。

主厨的秘诀

一边摇晃锅子一边煎

为了不让米饭粘锅，一定要不时地晃动锅子。还需注意的是，若用小火来煎，米饭会沾上过多的油。

主厨的秘诀

去除多余的油分

如果想要焦香酥脆的表面，就不能有太多油，最后要用吸油纸吸去多余的油。

3 把控好油的饭从吸油纸上转移到盘子中。

材料【2 人份】

斜管面（见第 9 页）……100 克
水果番茄……2 个
鲜奶油……1 量杯
帕玛森奶酪屑……2 大勺
欧芹碎……适量
盐、胡椒碎……各适量

做法

1. 番茄汆烫去皮（见第 99 页）。拦腰切两半去子，切成 5 毫米见方的小块。

2. 锅中加入大量的水，以及水量 1% 的盐，煮沸。加入斜管面，煮面时间设定得比包装袋上的时间短 1 分钟。

3. 平底锅中加入鲜奶油，中火煮沸后加入步骤 1 的番茄。煮沸后离火。

鲜奶油不要煮过头

看到平底锅壁开始冒出气泡时，不要犹豫，马上把锅从火上移开。

4. 煮好后将面沥干，放到步骤 3 的平底锅中，开火，面裹上酱汁后马上把锅从火上移开。加入帕玛森奶酪和欧芹碎，轻轻搅拌。最后加入盐和胡椒碎调味即可。

搅拌面的时候把锅从火上移开

为了不让鲜奶油的口感变得过于厚重，搅拌时要把锅从火上移开。

日高主厨

重点在于，如何不让奶油酱汁煮过头，做出清爽又温和的口感。

鲜番茄奶油通心粉

1 人份	制作时间
615 千卡	20 分钟

日高主厨

在家也能制作的超简单时尚奶汁烤菜。
用牡蛎或白肉鱼也会很好吃哦！

塔塔酱烤面包糠扇贝肉

1 人份	制作时间
380 千卡	15 分钟

材料【2 人份】

扇贝肉……8~10 个
盐、胡椒碎、橄榄油……各适量
Ⓐ 蛋黄酱……2 大勺
　水煮蛋丁……1/2 个
　洋葱末……1 大勺
　腌黄瓜丁……1 大勺
　续随子末……1 大勺
　盐、胡椒粉……各少许
Ⓑ 面包糠（请选用质地亮白的）
　　……1 把
　干燥牛至……2 小勺
　帕玛森奶酪屑……1 大勺

做法

1 扇贝肉用厨房纸巾吸去水分，两面撒上少许盐和胡椒粉，用手稍微按摩一下。

2 平底锅中加入少许橄榄油加热，加入扇贝后开大火煎至扇贝两面金黄，摆入耐热容器中。

3 碗中放入材料Ⓐ，搅拌均匀之后放到步骤 2 的扇贝上。

4 碗中放入材料Ⓑ，搅拌均匀，再摆到步骤 3 的材料上。最后淋上适量的橄榄油。

5 把处理好的扇贝放入已经预热好的烤箱中，烤至面包糠金黄、扇贝熟透，大概需要 3 分钟。

主厨的秘诀

分多次烘烤

烘烤时不要一次装得太满，推荐放入 1 份的奶汁烤菜器皿中，分多次烘烤。为了不烤焦，请时刻注意烤箱里的情况。

Part **4**

最幸福的就是吃到刚出炉
热乎乎的料理了！

比萨 & 面包

揉一揉，摆上配菜，比萨和面包的制作
过程令人开心。
这里将介绍两种直径 20 厘米的基础比
萨饼皮的制作方法，即使料理"小白"
也可以轻易制作、用家庭烤箱也不会制
作失败。

在家里烤制是最棒的！

来制作比萨饼皮吧

接下来要介绍两种饼皮：正宗的"基础软糯型"和短时间内可以制作出来的"薄脆型"。料理"小白"制作起来也可以得心应手，用家庭烤箱也不会烤制失败。

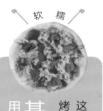

软糯

用家庭烤箱制作出来的美味

基础软糯型饼皮的制作方法

这是一款利用干酵母发酵制成的饼皮，特点在于其具有软糯的口感。完美烤制的秘诀在于，饼皮要做成直径约20厘米的大小，厚度要稍微厚一些。

在这里我们介绍的制作方法，材料分量是方便制作的2张饼皮的量。若制作4张饼皮，材料要加倍。

材料【直径20厘米，2张】

高筋面粉……140克
干酵母……1/2 小勺
砂糖……1/2 大勺
盐……1/2 小勺
橄榄油……1 大勺
水……90毫升

需要准备的器材

● 碗（直径约24厘米，揉饼皮用）
● 碗（直径约20厘米，发酵用）
● 量勺、量杯
● 布巾（长70厘米、宽40厘米，透气性好）
● 可以装下发酵用碗的深口锅（以及与锅尺寸相适的锅盖）
● 烘焙纸、菜刀

如果有家用全自动和面发酵机，就会很方便

按下和面按键后，只需放入材料即可。

放入材料

按照机器设定的量放入材料，若制作4人份饼皮，请计算好再放材料。

发酵完成！

发酵完成后的步骤与步骤❸以后的制作方法一样。

时间 约20分钟

1 揉面团

在稍大的碗中加入高筋面粉、干酵母、砂糖、盐和橄榄油，最后把准备好的水全部加进去。

全程用手来揉面团，把碗壁上残留的面粉也揉进面团里。

如果觉得在碗里不好揉，可以把面团拿到厨房操作台或砧板上揉。

揉成团后，用大拇指侧的手掌按压面团，用力把面团推开，不停重复这个动作10~15分钟。

未完成　　完成

用手拉饼皮，试着用食指戳一戳，如果饼皮可以抻得薄薄的却不破就可以了。如果能戳破，就说明面团还需继续揉。

2 发酵饼皮

为了让饼皮表面变得光滑，两手抑开饼皮包裹到下方，在底部汇集成一个小疙瘩，疙瘩的部分用指头捏紧。

发酵前

疙瘩部分朝下放入小碗中。在锅里加入约50℃、深5厘米左右的水，把碗放入锅里，盖上布巾。

就这样放置30分钟

> 如果微波炉有发酵功能，这一步骤就更简单了。微波炉会保持发酵所需的温度，我们需要做的只是在30分钟里观察面团的发酵情况，再在时间上做相应调整即可。

> 等待发酵的时间可以制作配菜。

发酵后

检查

面团发酵为之前的约两倍大后，用沾有高筋面粉的手指插进面团里，然后再拔出来，如果面团上的洞依然保持这个状态，就说明发酵成功。如果洞马上"愈合"，那就继续等待，隔5分钟左右再检查一次。

3 醒面、押面

就这样放置15分钟

面团用菜刀切成2份后搓圆，用布巾盖起来放置15分钟。

> 发酵后的面团比较有弹性，像这样先放置一段时间，押面的时候会比较容易。

 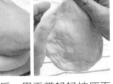

醒面完成后，用手掌轻轻按压面团，压成圆形。
双手捏住边缘拿起面皮，用转圈圈的方式慢慢地将饼皮押得更大。

> 如果面皮不好押，就再盖上布巾醒5分钟左右。

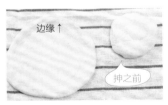

边缘↑

押之前

饼皮押成直径约20厘米的圆形后即可。通过上述手法，可以自然地得到稍厚的边缘，看起来就像是专业人士制作的。

> 千万不要忘记给烤箱预热！电烤箱需要预热到220℃，煤炉烤箱则为200℃。

4 烤制

将饼皮放在烘焙纸上，撒上自己喜欢的酱汁和食材。

注意不要烫伤，饼皮连带着烘焙纸放在预热过的烤箱里，烤15分钟。

烤好啦！
烘烤时间根据烤箱机型的不同而各不相同，大家可以根据饼皮颜色变化自行调整。烤至奶酪化开，饼皮呈现焦黄色即可。

> 饼皮的底部不松脆！
> 如果烤箱火力不够大，推荐用平底锅烤一下底部。操作比较简单，烤好后的底部也非常松脆。

> 除此之外，因为底部的发酵不充分，所以就这样在室温下放置30分钟也是没问题的。但如果要放置1个小时以上，就需要装在保鲜袋中放入冰箱保存。

押开的饼皮放入预热好的平底锅中用中火烤1分钟。烤到底部无水分即可。

完成

> 招待客人时可以提早先准备饼皮，这样比较方便！

松松脆脆

薄脆型比萨的制作方法

泡打粉会让饼皮自己膨胀，是一种无须发酵的简易做法。用这种方法制成的比萨拥有像饼干那样的酥脆口感。

时间不充裕的情况下也能迅速制作出来

酱汁和奶酪可以冷冻
没用完的酱汁和比萨用奶酪可以放在保鲜袋里冷冻起来。奶酪如果是一整块就不好解冻，使用起来很不方便，所以最好把奶酪摊成薄薄的形状保存，这样就比较方便以后使用。

材料【直径 20 厘米，2 张】

低筋面粉……150 克
泡打粉……2 小勺
砂糖……1/2 大勺
盐……1/2 小勺
橄榄油……1 大勺
水……75 毫升

需要准备的器材
- 碗（直径约 24 厘米，揉面团用）
- 量勺、量杯
- 布巾（长 70 厘米、宽 40 厘米，透气性好）
- 烘焙纸、菜刀、保鲜膜

完美使用烤箱的秘诀

不要忘记预热！
想要烤得好吃，重要的是通过高温将饼皮烤制酥脆。预热烤箱时要把烤盘一起放进去。烤比萨时也是如此，放比萨进烤箱时一定要快，否则烤箱的温度就会下降。

用烤箱的秘诀

饼皮可以制成椭圆形或方形的
饼皮可以抻成符合烤盘形状的椭圆形或方形。也可根据自己的喜好制成小小的圆形（见第 114 页的迷你比萨）。

通过复烤可以烤得更香
用 1000 瓦火力（与烤吐司相同）先烤 5 分钟，随后拿出摆上配菜，再放入烤箱中烤 6 分钟即可。

时间｜约 5 分钟

1 揉面团

在稍大的碗中放入低筋面粉和泡打粉，用手搅拌均匀。

加入砂糖、盐、橄榄油和水，揉二三分钟。

揉面团时，如果感觉不到明显颗粒、面团表面变得光滑就可以了。

时间｜约 15 分钟

2 醒面、抻面

紧紧裹上保鲜膜

面团用保鲜膜包起来，放在冰箱冷藏室放置10~15 分钟。

把冷却之后的面团分成 2 等份，分别搓圆，用手掌轻轻压扁，压成圆形。

双手捏住边缘拿起面皮，用转圈圈的方式慢慢地将饼皮抻得更大，抻至直径约 20 厘米即可。

时间｜约 20 分钟

3 烤制

将饼皮放在烘焙纸上，摆上自己喜欢的酱汁、配菜和奶酪，在已经预热好的烤箱中烤制15 分钟即可（和第 105 页基础饼皮的烤制方法相同）。

这才是王道！品尝拥有与意大利国旗相同配色的
比萨，由简单的番茄、奶酪和罗勒所制成

玛格丽特比萨

材料【3~4 人份】

比萨饼皮（直径 20 厘米）……1 张
基础番茄酱汁（见下方）……1/4 量
马苏里拉奶酪……50 克
罗勒叶……四五片

做法

1　奶酪切成 1 厘米见方的小块。

2　比萨饼皮涂上番茄酱汁，撒上奶酪。

3　放进预热过的烤箱，200~220℃烤
　　15 分钟。最后撒上撕成小块的罗勒
　　叶即可。

很简单！

只需在碗中搅拌即可！

基础番茄酱汁的制作方法

材料【4 张】

碎番茄罐头……1 个（400 克）
盐……1/2 小勺
橄榄油……2 大勺

做法

将所有的材料放入碗中，搅拌至
盐粒完全融化为止。

碎番茄罐头相比于整番茄罐头
来说固体物更多，如果连带罐
头汁水使用，菜肴
会更加湿润。

若使用整番茄罐头，
只取番茄本身捣碎
成糊即可。

1 张	制作时间
522 千卡	20 分钟

这个比萨的配菜可以按照个人喜好自由组合

家庭比萨

1 张	制作时间
678 千卡	25 分钟

材料【1 张】

比萨饼皮（直径 20 厘米）……1 张
基础番茄酱汁（见第 107 页）……1/4 量
洋葱……20 克
青椒……1/2 个
培根……1 条
水煮蛋……1/2 个
比萨用奶酪……30 克
蛋黄酱……适量

做法

1 洋葱切片，青椒切成薄圈。培根切
   1 厘米宽，水煮蛋切成适口大小。

2 比萨饼皮涂上番茄酱汁，把步骤 1 的
   食材均匀撒到饼皮上，撒上奶酪，挤
   上蛋黄酱。

3 放进预热过的烤箱，200~220℃烤
   15 分钟。

 经典的比萨有这些！

马里纳拉	在意大利语中是"乘船"的意思，马里纳拉比萨和玛格丽特比萨是最具代表性的比萨。
	番茄酱汁、橄榄油、牛至、大蒜、盐
四喜比萨	由四种奶酪制成的比萨，对于奶酪爱好者来说不容错过。可以淋上蜂蜜或枫糖浆品尝。
	最具代表性的 4 种奶酪为戈贡佐拉奶酪、帕玛森奶酪、马苏里拉奶酪和塔雷吉欧奶酪
俾斯麦	作为德国的铁血宰相而所被人熟知的俾斯麦异常喜欢鸡蛋，因此有半熟蛋的料理都被称为俾斯麦风。
	半熟蛋、培根、绿芦笋、马苏里拉奶酪等
海鲜意大利面	海鲜和番茄酱汁组合的意大利面也很受欢迎（见第 39 页）。
	乌贼、虾、青口、蛤蜊、扇贝肉、黑橄榄等
帕玛火腿比萨	在放有奶酪烤过的比萨上放生火腿和芝麻菜，能够让人品尝到新鲜的口感。
	马苏里拉奶酪、生火腿、芝麻菜等
青酱比萨	只需摆上罗勒酱汁（见第 50 页）和自己喜欢的奶酪即可。
	罗勒酱汁、帕马森奶酪等

弹牙的虾和醇厚白酱组合在一起，
一口下去，幸福满满

奶油虾比萨

材料【1 张】

比萨饼皮（直径 20 厘米）……1 张
基础白酱（见下方）……1/4 量
虾……6 只
绿芦笋……1 根
比萨用奶酪……30 克
蛋黄酱……适量

做法

1　虾去壳快速焯一下。芦笋切除根部
　　2 厘米，快速焯水后切成适口大小。

2　比萨饼皮涂上白酱，把步骤 1 的食
　　材均匀撒到饼皮上，撒上奶酪，挤
　　上蛋黄酱。

3　放进预热过的烤箱，200~220℃烤
　　15 分钟。

1 张	制作时间
710 千卡	30 分钟

用微波炉就可以制作！

基础白酱的制作方法

材料【4 张】

低筋面粉……3 大勺
软化黄油……3 大勺
牛奶……300 毫升
盐、胡椒碎……各适量

做法

1　将低筋面粉和黄油放入耐热容
　　器里，用打蛋器搅拌。

2　加入牛奶之后，放入微波炉中，
　　用 500 瓦的火力加热 4 分钟，
　　继续搅拌。

3　继续加热 2 分钟后，搅拌均匀，
　　最后加入盐和胡椒碎调味即可。

> 黄油可以放在室温下自然软
> 化，或用微波炉加热软化，
> 然后和低筋面粉一起充分搅
> 拌。少量制作的情况下不容
> 易结块，做奶汁烤菜时也是
> 一样的。

南瓜块和南瓜酱，利用南瓜的双重吃法
制成的健康点心

甜南瓜比萨

材料【1 张】

比萨饼皮（直径 20 厘米）……1 张
南瓜……100 克
蜂蜜……1 大勺
奶油奶酪……20 克
黄油……5 克

做法

1 南瓜用保鲜膜包起来，在微波炉中
用 500 瓦的火力加热 2 分钟。取出
将一半去皮捣碎，加入蜂蜜均匀搅
拌至糊状。将剩下的南瓜切成 1.5
厘米见方的小块。奶油奶酪切成 1
厘米见方的小块。

2 比萨饼皮涂上南瓜酱，撒上南瓜块、
奶油奶酪和切成小块的黄油。

3 放进预热过的烤箱，200~220℃烤
15 分钟。

1 张	制作时间
579 千卡	30 分钟

南瓜和奶酪的组合，能品尝出
天然的甘甜，同时又感口感绵长。

切片苹果口感湿润，
简单却拥有不输给苹果派的美味

苹果派风比萨

材料【1 张】
比萨饼皮（直径 20 厘米）……1 张
苹果……1/2 个
黄油……10 克
细砂糖……1/2 大勺

做法

1　苹果削皮去心，切成厚度二三毫米
　的薄片。

2　在饼皮上呈放射状摆苹果片，再撒
　上细砂糖和切成小块的黄油。

3　放进预热过的烤箱，200~220℃烤
　15 分钟。可以按照个人喜好撒一些
　肉桂粉。

1 张	制作时间
471 千卡	25 分钟

 推荐使用酸味比较重的
苹果。

111

用发酵后的比萨饼皮制成的
时尚意大利面包

佛卡夏

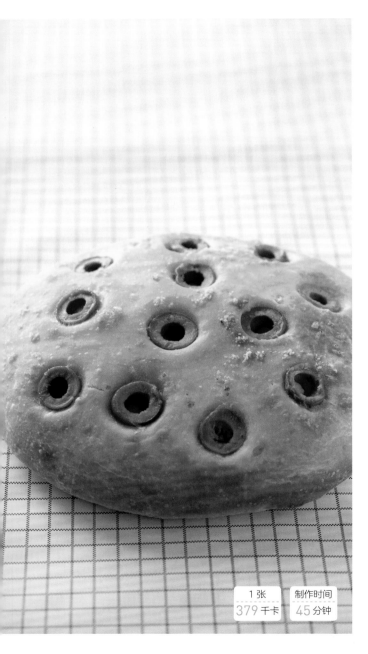

1 张	制作时间
379 千卡	45 分钟

材料【1 块】

比萨饼皮（醒完的面）……1 张
绿橄榄（无核）……4~6 颗
橄榄油……1 小勺
粗盐……1/4 小勺

做法

1. 绿橄榄拦腰切两半。

2. 比萨饼皮制成直径约 18 厘米的圆盘形，经过约 20 分钟的二次发酵使其膨胀到原来体积的两倍。表面涂上橄榄油，用手指将橄榄按进面团里。

要点

橄榄要切面向上，手指用力将其全部按进面团里。

3. 表面撒上粗盐，放进预热过的烤箱，200~220℃烤 15 分钟。

 二次发酵时，使用烤箱的发酵功能会方便很多。

如果没有发酵功能呢？

 给面团表面喷上充足的水，盖上布或碗，放在 35~40℃的环境下静置发酵。

可以用保鲜膜代替布吗？

 保鲜膜会粘在面团上，所以请不要使用。气温较高时，也可直接放在室内发酵，但需较长时间。

只需拉长烤制即可，形状不一致看起来也很时尚。
适合当作大人们的下酒菜

阿拉棒

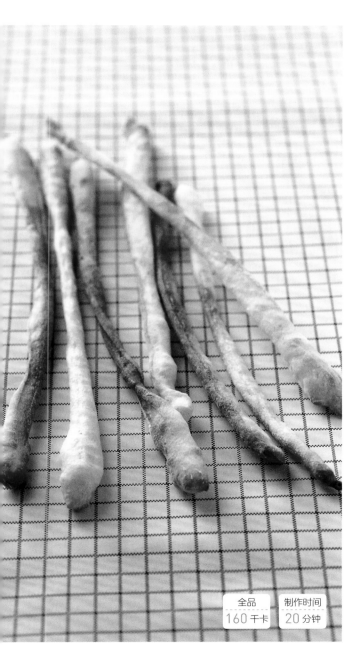

材料【30 根】
比萨饼皮（醒完的面）……1/2 张

做法

1　饼皮用菜刀切成 2 等份，处理成平整的长方形。分别切成 15 根面条，用两手拉抻至与烤盘宽度等长，放入铺有烘焙纸的烤盘上。

要点

捏着切成棒状的面条两端，拉抻至适口长度（此处为约 20 厘米），放到烤盘上。

2　放进预热过的烤箱，180~200℃烤 8 分钟。

比 20 厘米长一点或短一点可以吗？

当然，即便长度改变了，烤制时间依然是相同的，所以不用担心。

全品	制作时间
160 千卡	20 分钟

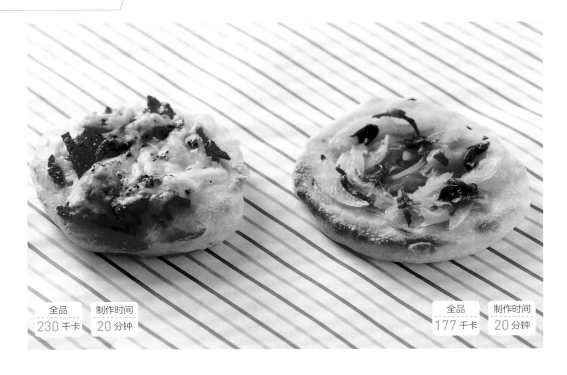

全品	制作时间
230 千卡	20 分钟

全品	制作时间
177 千卡	20 分钟

十分可爱，方便食用的迷你尺寸，
萨拉米和鳀鱼，符合大众口味的 2 种比萨

迷你比萨

材料【4 张】

比萨饼皮……1/2 张

迷你鳀鱼比萨（右）

　洋葱……1/2 个
　色拉油……1/2 大勺
　鳀鱼……1 条

迷你萨拉米比萨（左）

　萨拉米香肠……4 条
　粗磨黑胡椒……1/4 小勺
　比萨用奶酪……15 克

做法

1　洋葱切片，向平底锅中倒入色拉油，加热后放入洋葱，炒至柔软、变成褐色。鳀鱼切碎，萨拉米香肠切小条。

2　比萨饼皮用菜刀切成 4 等份，团成球，用手压扁摊平。在铺有铝箔纸的烤盘上放 4 块饼皮，用 1000 瓦的火力烤 4 分钟。

要点

用面包机来烤迷你比萨会比较轻松。

3　在步骤 2 的其中 2 张饼皮放上洋葱和鳀鱼，剩下的饼皮放上萨拉米香肠，再撒上黑胡椒和奶酪。再次放入面包机中烤 5 分钟即可。

下方的饼皮烤过后（见第 105 页）会变得酥脆。如果烤盘一次性放不下 4 块比萨，那就分两次来烤吧。

Part 5

不管鱼还是肉都分量满满
将食材本身的味道发挥到极致

主菜

在前菜和第一盘菜（primo piatto）之后，是
作为第二道菜（secondo piatto）的鱼、肉类
主菜。以盐或橄榄油为基调的主菜有着吃不腻
的魅力。

1 人份
520 千卡

制作时间
15 分钟

处理后的肉变得柔软，体积也发生了巨大变化。
裹上细细的面包糠炸起来吧

米兰风味炸猪排

材料【2 人份】

厚切猪肩肉（猪排用）……2 块
盐……1/4 小勺
胡椒碎……适量
Ⓐ 牛奶……3 大勺
　小麦粉……2 大勺
面包糠……1/2 量杯多一些
帕玛森奶酪屑……3 大勺
煎炸油……适量
嫩菜叶、柠檬块、圣女果……各适量

1 处理肉

猪肉上连接瘦肉和脂肪的筋膜部分用剪刀粗略地剪断。

撒上盐和胡椒碎，用保鲜膜把肉的两面包起来，用擀面杖敲打至厚度变薄到 5 毫米左右。

2 牛奶中加入小麦粉

将材料Ⓐ搅拌均匀待用，代替小麦粉和蛋液。

 如果蛋液剩下就很浪费，所以用牛奶代替会比较方便。

3 把面包糠搓细

用手指将面包糠搓细，加入帕玛森奶酪，搅拌均匀（也可以直接将面包糠和奶酪放入家庭料理机中处理）。

4 给肉裹上面衣

把猪肉整体浸在步骤 2 的液体里，之后用步骤 3 的面包糠铺满整块猪排。

5 炸制

平底锅中加入没过锅底的煎炸油，中火加热。猪排分批单独放入锅中炸至两面金黄。盛出，摆上嫩菜叶、柠檬块和圣女果即可。

 用少量的油就可以制作，真好！

 一般来说使用嫩牛肉的情况比较多，猪里脊也很美味。猪肉敲打后，会变得柔软，油炸时间也会相应缩短。

117

1 人份
389 千卡

制作时间
35 分钟

迪亚波拉是恶魔的意思。
干辣椒的辛辣很够味

迪亚波拉风味嫩煎鸡肉

材料【2 人份】

鸡腿肉……1 块
盐……适量
胡椒碎……少许
口蘑……1 包
橄榄油……2 大勺
A 蒜末……1 瓣量
　　干辣椒（去子）……1 根
白葡萄酒……2 大勺
欧芹……适量

处理肉

鸡肉放在室温下解冻，皮朝下放在砧板上。鸡肉隔 1 厘米切一刀，深度大约为 5 毫米。

 将筋膜细细切断，鸡肉就不会萎缩变硬，比较方便食用。

撒上 1/2 小勺盐和少许胡椒碎，用手按摩鸡肉，放置 10 分钟左右。口蘑去根，切成两半。用厨房纸巾轻轻拭去鸡肉渗出的水分。

鸡肉从鸡皮开始煎

平底锅中倒入橄榄油，鸡肉展开鸡皮朝下放入锅中，口蘑放在鸡肉四周。盖上锅盖用中小火煎 10~12 分钟。

用竹扦戳戳看

鸡皮煎脆后，用竹扦戳一戳肉比较厚的部分，如果有透明的汁水冒出，就说明煎好了。

冷却鸡肉

拿出鸡肉和口蘑，鸡皮朝上放置五六分钟。鸡肉切成适口大小放入碗中，在口蘑上撒少许盐。

制作酱汁

在煎过鸡肉的平底锅中放入材料**A**加热，待香味出来后加入白葡萄酒，稍微炖煮一下，加盐调味，将酱汁倒在步骤 4 的鸡肉上。最后用欧芹装饰即可。

 鸡皮好酥脆！

 秘诀在于只煎鸡皮，不翻面。煎好后如果马上切，肉汁会流出来，所以煎好后应稍微冷却一下。

1人份　　制作时间
633千卡　**30**分钟

薄薄的肉片卷在一起制成的肉卷分量满满，
迅速加热后肉卷的柔软度非比寻常

蒜味牛肉卷煮番茄

材料【2 人份】

牛肉片……300 克
大蒜……三四瓣
帕玛森奶酪屑……4 大勺
盐、胡椒碎、低筋面粉……各适量
橄榄油……2 大勺
整番茄罐头……1 量杯
黑橄榄……五六个

③ 裹上低筋面粉

裹上低筋面粉可以防止鲜味流失。

① 展开肉片撒上奶酪

展开牛肉片撒上盐和胡椒碎，将 3 勺奶酪和切好的蒜末等分，撒到每一片牛肉上。如果奶酪撒到牛肉片两端，卷的时候就会漏出来，所以撒到肉片正中间那一段即可。

② 肉片往前卷，挤出空气

肉片从身前的位置开始往前紧紧地卷起来，卷完后用手捏一下，挤出空气。

④ 煎肉卷

平底锅预热之后加入橄榄油，把步骤 3 的肉卷并排摆入锅中，一边翻转一边用中火煎，直到肉卷变色。

⑤ 加入番茄等调味

番茄弄碎后放入，加入橄榄后盖上锅盖，小火煮约 20 分钟。用盐和胡椒碎调味，再撒入剩下的帕玛森奶酪屑。

 只需用手捏一下即可，不用一直捏着不放。

 番茄比较适合与脂肪少的部位一起食用，所以推荐搭配涮锅的薄肉片吃。

121

煎烤后软嫩的猪里脊肉，
与酸酸的酱汁是绝配

番茄续随子风味猪腓力

1人份	制作时间
423 千卡	40 分钟

材料【2 人份】

猪里脊肉……350 克
盐、胡椒碎……各少许
橄榄油（或色拉油）……1 小勺
白葡萄酒……3/4 量杯
迷迭香……四五根
洋葱……1/4 个
续随子……2 大勺
圣女果……16 个
黄油……2 大勺

做法

1 猪肉切块，撒上盐和胡椒碎。洋葱切末。

2 平底锅预热后倒入橄榄油，一边翻转猪肉一边煎表面。用铝箔纸把猪肉包起来，放进预热过的烤箱用 180℃烤 8~10 分钟，再用较厚的布巾包住肉块冷却 15 分钟左右。切成稍厚的肉片放入盘中。

要点

用布巾包裹住使其稍微冷却
用铝箔纸包住的肉块烤完后，用布巾包住冷却 15 分钟左右。

这样切肉时肉汁就不会流失了！

3 在煎过猪肉的锅里放入白葡萄酒、迷迭香、洋葱末、续随子和切成两半的圣女果，用木铲边翻炒边炖煮。加入盐和胡椒碎调味，再加入黄油使其化开，淋到步骤2的肉片上即可。

材料【2 人份】

鸡肝……200 克
洋葱……1/4 个
白葡萄酒……1 量杯
橄榄油……2 大勺
鳀鱼……2 条
续随子……1 大勺
盐、胡椒碎……各少许

做法

1　洋葱切末。鸡肝仔细去除多余的脂肪和筋膜，切成小块，放入漏勺中在水中焯一下，焯完后沥干。

　鸡肝的处理尽可能仔细一些。这样口感会变得更好、更美味。

2　向较深的锅中倒入橄榄油加热，开中小火翻炒洋葱，水分蒸发后加入鸡肝。用木铲搅拌直至鸡肝表面发白。

要点

用白葡萄酒来去除鸡肝的腥味
通过将鸡肝炒至发白、加入白葡萄酒炖煮等方法可以去除鸡肝的腥味。

3　倒入白葡萄酒，盖上盖子，煮约 10 分钟直到汁水蒸发至原有的 1/4 左右。

4　加入切碎的鳀鱼和洗过的续随子，快速翻炒一下。加入盐和胡椒碎调味，如果手边有欧芹，可以切碎之后加入，翻炒一下之后熄火即可。

方便食用的鸡肝用白葡萄酒来煮，
会更柔软美味

白葡萄酒煮鸡肝

1 人份	制作时间
317 千卡	20 分钟

1 人份　　制作时间
389 千卡　　20 分钟

发挥海鲜本身的鲜味就已经如此美味了！
拥有"与众不同的汤汁"，是令人惊讶的一道菜

意式水煮鱼

材料【2人份】

金目鲷、生鳕鱼……各2块
蛤蜊（带壳）……200克
大蒜……1瓣
橄榄油……2大勺
白葡萄酒……1/4量杯
鳀鱼……4条
续随子……2大勺
橄榄（若条件允许，绿色和黑色都准备）
　　……8~12颗
圣女果……1/2包
盐、胡椒碎、醋……各适量

❶ 鱼肉撒盐去除水分

金目鲷和鳕鱼上撒盐静置片刻，用厨房纸巾擦掉表面渗出的水分。续随子洗净后撒上盐和醋。

撒盐是为了去除鱼肉的腥味和多余的水分。

❷ 开火加蛤蜊

蛤蜊吐沙，用相互摩擦的方法清洗壳。大蒜切末。平底锅中加入蒜末和橄榄油，小火加热。变色后加蛤蜊，倒入白葡萄酒。

❸ 锅中加入鱼肉

步骤2的平底锅中并排放入步骤1的鱼肉。

❹ 加入续随子等蒸煮

放入处理成两半的鳀鱼、续随子和橄榄，盖上锅盖，小火炖煮。

❺ 加入圣女果，调味

待蛤蜊全部开口，鱼肉也熟了之后，揭开锅盖，加入去蒂的圣女果，加热。加入盐和胡椒调味。盛出，如果手边有欧芹，可以切碎撒到菜品上点缀。

蛤蜊、鳀鱼的咸味与圣女果的酸味相得益彰，再美味不过了！

1 人份　制作时间
609 千卡　30 分钟

只需用白葡萄酒和白葡萄酒醋炖煮有益身体健康的
沙丁鱼，即可收获一道爽口的饕餮大餐

醋煮沙丁鱼

材料【2人份】
沙丁鱼……4条
大蒜……1瓣
白葡萄酒……1量杯
白葡萄酒醋……1/4量杯
橄榄油……3/4量杯
洋葱……1/2个
彩椒（红、黄）……各1/2个
盐、胡椒碎……各少许

③ 仔细清洗沥干水分

鱼腹用手指好好清洗，
用厨房纸巾擦干鱼肉
里外的水分。

④ 煮沙丁鱼

锅中并排摆入步骤3的
鱼，大蒜切末，撒入锅
中，倒入白葡萄酒用中
火煮10~15分钟。

无须盖锅盖，
以便酒精挥发。

① 沙丁鱼刮鳞去头

如果有鱼鳞就用菜刀
刮掉，去头时以鱼鳍
为界。

⑤ 加入蔬菜炖煮

洋葱切片，彩椒切条，
让蔬菜能盖住鱼肉。
加入白葡萄酒醋和橄
榄油，盖上锅盖开中
火炖煮约5分钟。用
盐和胡椒碎调味，盛
出，如果手边有欧芹，
可以切碎后撒上。

② 切开鱼肚掏出内脏

稍微倾斜菜刀，切开
鱼肚并掏出内脏。

这是一道即便是初学者也能
简单制作的料理。

一道豪迈的海鲜料理，
大蒜和橄榄油让鲜味更上一层楼

大蒜烤海鲜

1 人份	制作时间
650 千卡	25 分钟

材料【2 人份】

沙丁鱼……2 条
乌贼（图片为长枪乌贼）……2 条
虾……4 只
大蒜……2 瓣
橄榄油……4 大勺
柠檬……1/4 个
盐、胡椒碎……各少许

做法

1 用厨房专用剪刀从沙丁鱼尾部向头部的方向剪开鱼肚，掏出内脏，在水龙头下冲洗干净，用厨房纸巾擦干水分。

用剪刀来处理
沙丁鱼
虽然也可以使用菜刀，但是用剪刀更方便。

2 处理乌贼时不要把连在鱼足附近内脏的墨囊弄破，要小心去除，用盐水冲洗过后沥干。

3 将刀刃刺进虾背，从虾尾开到虾头，去掉虾线。

4 大蒜切末，取出一半蒜末与 2 大勺橄榄油搅拌到一起，淋到步骤 1~3 的材料上，静置 10~15 分钟。海鲜连带汤汁一起放入平底锅中，中火煎熟，盛出。如果手边有欧芹，可将其切碎后与剩下的蒜末一起撒到菜上，再撒上盐和胡椒碎，淋上 2 大勺橄榄油，摆上柠檬块即可。

意大利海鲜产品非常丰富，因此在当地，在海鲜上淋少许橄榄油后煎、炸，以及用番茄酱汁炖煮海鲜是比较常见的 3 种烹饪方式。

材料【2 人份】

青花鱼……2 块
盐、胡椒碎……各适量
橄榄油……1 大勺
青酱
　洋葱……1/4 个
　鳀鱼……2 条
　欧芹……8 根
　黑葡萄醋……2 大勺
　橄榄油……3 大勺
　盐……适量

做法

1 青花鱼并排放到竹箅上，撒上 1/2
小勺盐。静置 5~10 分钟，去除多
余水分。

要点

仔细擦掉渗出的
水分
撒盐是为了去除鱼
肉的腥味。渗出的
水分也有腥味，因
此要仔细地把水都
擦掉。

2 在青花鱼鱼皮上划五六刀，撒上
1/3 小勺盐和胡椒碎，淋上橄榄油。

3 将步骤 2 的青花鱼放在烤鱼用烤架
上，开中大火（如果用的是烤箱，
就在烤盘上垫铝箔纸，开大火）烤，
烤至鱼皮变色后将火力转至中火继
续烤至鱼肉熟透。盛出，撒上青酱
即可。

青酱的制作方法

1 洋葱切末，撒少许盐，用手揉搓。
渗出黏液后用水冲洗，拧干水分。

2 鳀鱼和欧芹切碎，放入碗中。加入
步骤 1 的材料，倒入黑葡萄醋和橄
榄油搅拌。

3 加入 1/2 小勺盐搅拌均匀，放入已
经煮沸消毒过的密闭玻璃瓶中，这
样就可以在冰箱里保存一两周。

只要有酱汁，剩下的工序就是烤了，
也可以用竹荚鱼和马鲛来代替

青酱烤青花鱼

1 人份	制作时间
461 千卡	25 分钟

129

配合着金枪鱼酱，
寡淡的旗鱼也能被调出醇厚的味道

金枪鱼酱嫩煎旗鱼

材料【2 人份】

旗鱼……2 块
盐、胡椒碎……各适量
低筋面粉……1 大勺
橄榄油……1 小勺
豆角……8 根
金枪鱼酱
> 金枪鱼罐头……50 克
> 番茄块（5 毫米见方）……1/2 个
> 欧芹末……1 大勺
> 洋葱末……2 大勺
> 续随子碎……2 小勺
> 特级初榨橄榄油……3 大勺
> 柠檬汁……1 小勺
> 盐、胡椒碎……各适量

做法

1 制作金枪鱼酱。将金枪鱼肉（不带罐头汁）和其他材料一起搅拌均匀。

要点

只需搅拌就能做出金枪鱼酱
往金枪鱼和蔬菜中加入橄榄油、柠檬汁、盐和胡椒碎，之后只需搅拌均匀即可。

2 旗鱼撒上盐和胡椒碎，轻拍一层低筋面粉。向平底锅中倒入橄榄油，两面煎至金黄，盛出。

3 豆角煮熟，切成适口大小。摆盘，淋上金枪鱼酱即可。

金枪鱼酱不仅可以淋在鱼肉上，味道也和嫩煎的鸡肉、猪肉以及蒸熟的蔬菜等很相适。

1 人份	制作时间
390 千卡	20 分钟

Part 6

提拉米苏、意式水果冰淇淋、意式鲜奶冻一应俱全
自制甜品果然没得说

甜点

意大利语的"dolce"是甜、柔软的意思。
直接去店里买甜点虽然也不错，但在
家制作更能体会到自己动手的乐趣和
温馨的气氛。

切块的水果裹上糖浆食用，
更能品尝出水果本身的美味

水果杯

材料【2人份】

西柚……1/8 个
橙子……1/6 个
猕猴桃……1/4 个
新鲜菠萝……1/8 个
苹果……1 个
巨峰葡萄……10 颗
Ⓐ 白葡萄酒、黑樱桃酒、砂糖
　　……各 5 大勺
　丨柠檬汁……1 大勺

做法

1 将材料Ⓐ搅拌在一起，直至砂糖融
化。如果家里小朋友也要吃，就需
要加热至酒精挥发。

2 西柚取果肉。橙子去皮去子。苹果
削皮去心。均切成适口大小。

3 菠萝削皮去芯，猕猴桃去皮，切成
和其他水果一样的大小。葡萄去皮
对半切开，去子。

要点

**褐色的部分斜着用
刀切除**
菠萝去皮后，倾斜
着菜刀将褐色部分
切除。

菜刀旋转一圈取芯
从距离猕猴桃蒂 1
厘米处下刀，旋转
着切，就可以轻松
地把芯取出来。

4 向步骤 1 的材料中加入步骤 2 和 3
的水果，放入冰箱冷藏 2 小时以上。
若条件允许，可以在冰箱放一晚上，
这样水果更入味更好吃。

1 人份	制作时间
333 千卡	15 分钟

※ 不含冷却时间

黑樱桃酒指用樱桃为原料制成的利口酒。
若没有黑樱桃酒，可以使用樱桃白兰地
或普通白兰地等没有颜色的洋酒来代替。

只需在香草冰淇淋上浇淋热热的意式
浓缩咖啡就可得到的美味！

阿芙佳朵咖啡

材料【2 人份】
香草冰淇淋（市售）……适量
意式浓缩咖啡……2 杯量

做法
用冰淇淋勺（或者普通的稍大一点的
勺子）舀出冰淇淋放到杯子里，淋上
热咖啡即可。

要点

准备好热咖啡
为了得到好喝的浓
咖啡，可以使用咖
啡机，当然也可使
用速溶咖啡。

"Affogato"（阿芙佳
朵）是沉溺的意思哦！

1 人份	制作时间
36 千卡	3 分钟

冻上后，其间只需要搅拌一次，
不费力又能品尝到正宗的味道

意式水果冰淇淋

材料【2 人份】

草莓……350 克
橙子……2 个
菠萝……1/4 个
砂糖……6~9 大勺

做法

1 草莓去蒂，切小块。橙子榨汁。菠萝切块。

2 给步骤 1 中的水果加入二三大勺砂糖，调节甜味。草莓和菠萝撒上砂糖后静置约 5 分钟。

要点

撒上砂糖后静置至析出果汁
草莓和菠萝裹上砂糖后会析出果汁，带着果汁一起冷冻。

3 分别倒入盒子里，放入冰箱中冷冻。

4 把冻住的水果从盒子里倒出来，大致捣碎后放在搅拌机或家庭料理机里搅拌至糊状。重新倒入盒子里，再次放入冰箱冷冻。耐心足够也可用打蛋器进行搅拌。

1 人份	制作时间
133 千卡	20 分钟

※ 不含冷冻时间

盒子如果是金属材质能够冻得更快，也可以使用铝制的便当盒。

乍看以为是西瓜子，没想到竟是巧克力薯片！
薯片和爽口西瓜的甘甜很合得来哦

意式西瓜冰淇淋

材料【3~4 人份】

西瓜瓤……800 克
砂糖……150 克
巧克力薯片……20 克

做法

1 小锅中加入 1/2 量杯水和砂糖，大火煮沸，砂糖完全溶解之后熄火冷却。

2 西瓜切碎，去子，放到滤网上过滤果汁。

要点

若使用滤网，能将西瓜子轻松分离出来

切碎的西瓜放到滤网上或过滤机里，用手按压过滤果汁。

3 步骤 1 和步骤 2 的材料混合在一起后放入盒子或碗里（如果没有也可放进便当盒里，推荐使用金属制的），放入冰箱冷冻。

4 冷冻三四小时，确认冻住之后倒入搅拌机或料理机里打成沙冰状，加入巧克力薯片后再搅拌一下，放入冰箱冷冻即可。

1 人份	制作时间
246 千卡	15 分钟

※ 不含冷冻时间

若没有搅拌机，可以用打蛋器或勺子耐心搅拌。

1/8 量
200 千卡

制作时间
35 分钟

※ 不含冷藏时间

具有浓厚的咖啡香和马斯卡彭奶酪的香醇，
用蜂蜜蛋糕代替制作方法繁琐的海绵蛋糕会比较方便

提拉米苏

材料【长30厘米、宽20厘米、高7厘米】

鸡蛋……3个

砂糖……65克

马斯卡彭奶酪（见第12页）……150克

明胶粉……2克

蜂蜜蛋糕（市售）……9厘米

浓咖啡……1量杯

可可粉（或浓缩咖啡粉）、草莓……各适量

① 搅拌蛋黄

鸡蛋分离蛋黄和蛋清。明胶粉用1大勺水泡开备用。
平底锅里铺上叠好的毛巾，注入比洗澡水稍热一些的水，开小火，把碗放进锅里。碗中放入蛋黄，分批倒入20克砂糖，一边倒一边搅拌。

铺毛巾是为了避免蛋黄直接受热。

② 加入明胶和奶酪

加入泡发了的明胶搅拌，把碗从锅中拿出，加入奶酪搅拌。

③ 打发蛋清

将蛋清倒入大一些的碗中，一边用冰水冷却，一边把剩下的砂糖分3次加入碗中，打至发泡。倒入步骤2的混合物搅拌，注意不要把蛋清的泡打碎。

蛋清要打发至能用打蛋器提起来的状态。

④ 装入模具

蜂蜜蛋糕按照1厘米的厚度切片，稍微浸入咖啡中。模具中倒入步骤3中材料的1/3，抹平，并排放入蜂蜜蛋糕，再把剩下的材料全部倒入。

⑤ 把表面处理平整即可

将表面处理平整后盖上保鲜膜，放入冰箱冷藏1小时。冷却完毕后，用滤茶网在提拉米苏表面撒上可可粉。草莓对半切开并排摆在容器中央。用大一点的勺子舀出提拉米苏即可享用。

使用市售蜂蜜蛋糕代替海绵蛋糕会比较方便，也可以使用蛋糕卷或小饼干。

在口中化开的美味，
果酱让这道甜品更加爽口

意式鲜奶冻

1 个	制作时间
542 千卡	20 分钟

※ 不含冷藏时间

仅需一点点酸就能衬托出甜味。
加到果冻或冰淇淋上也很美味！

材料【6个】

鲜奶油……3 量杯
细砂糖……120 克
明胶粉……18 克
香草精……2 滴
黑加仑酱
　┃ 黑加仑……6 大勺
　┃ 明胶粉……5 克
　┃ 水……6 大勺
　┃ 细砂糖……60 克
　┃ 黑加仑利口酒……2 大勺
薄荷叶……适量

做法

1　明胶粉用 4 大勺水泡发备用。

2　锅中加入鲜奶油、步骤 1 的明胶液、细砂糖和香草精，开中火，煮至糖完全化开。煮沸后转小火，煮 5 分钟后将锅离火。

3　将锅坐入冰水中一边冷却一边用橡胶铲搅拌，直到锅中食材冷却至人体温度。

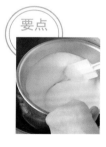

要点

放在冰水上使明胶凝固

为了让明胶凝固，需要让锅底接触冰水冷却，一边使其散热一边搅拌。

4　倒入杯中，放在冰箱冷藏室冷却 12 小时以上使其凝固。倒出，淋上黑加仑酱、摆上薄荷叶即可。

黑加仑酱的制作方法

1　明胶粉用 2 大勺水泡发备用。

2　锅中加入黑加仑和细砂糖，倒入剩下的水，小火煮 5 分钟。

3　把步骤 1 的明胶液加入步骤 2 的锅中煮 5 分钟。

4　待食材冷却，加入利口酒搅拌均匀，放入冰箱冷藏室冷却即可。

干果满满的简单饼干，
做一个凸显干果色彩的组合

干果曲奇

材料【18~20块，每块长5厘米、宽3厘米】

果干（梅干60克、葡萄干30克、
　　芒果干30克）……共计120克
低筋面粉……200克
黄油……100克
砂糖……50克
牛奶……2大勺
盐……少许

做法

1　黄油放在室温下软化。梅干和芒果
　干切碎。

2　碗中放入低筋面粉、砂糖和盐搅拌
　均匀后加入黄油，继续搅拌。

3　加入步骤1的材料和葡萄干搅拌均
　匀，倒入牛奶继续搅拌。成团后，
　切成两半，将两块面团叠在一起，
　用力压扁至原来高度的一半。重复
　上述操作5次。

4　撕一张大一点的保鲜膜，将面团放
　到中央，用保鲜膜包好。为了让面
　团变成方形，不时按压面团、调整
　形状，最终要处理成侧面长5厘米、
　宽3厘米的棒状面团。

5　用保鲜膜包紧，放入冰箱冷藏室，
　静置半天。

6　从冰箱拿出面团后切成1厘米厚的
　片，按照间隔1厘米以上的距离放
　在铺有烘焙纸的烤盘上，烤箱预热
　后用160℃烘烤20分钟即可。

1块	制作时间
102千卡	35分钟

※ 不含醒面时间

1 根　　制作时间
116 千卡　65 分钟
※ 不含冷却时间

有嚼劲的意大利本土点心，
在咖啡里泡过后更加美味

意大利硬饼干

材料【20 根，每根长约 15 厘米】

低筋面粉……200 克
蛋糕粉……1 小勺
牛奶……1/2 量杯
橄榄油、色拉油……各 2 大勺
枫糖……120 克
盐……少许
烤杏仁……100 克
橙皮屑……1 个量

① 制作坯子

碗中加入牛奶、橄榄油、色拉油和枫糖，用打蛋器搅拌至表面浮出白色气泡。筛入低筋面粉，加入蛋糕粉、盐，用硅胶饭铲以切拌的手法搅拌。

② 加入食材搅拌

加入烤杏仁和橙皮屑，粗略搅拌一下。

③ 整形

烤盘铺上烘焙纸，将步骤 2 的材料二等分后倒在烘焙纸上，用硅胶饭铲将面糊修整成长 30 厘米、宽 10 厘米、高 2 厘米的形状。

④ 烤完后马上切分

在预热过的烤箱里用 170℃烤 20 分钟后取出，按 2 厘米的间隔斜切饼干，完全冷却后再放回烤盘上，用 160℃烤 15 分钟即可。

Bis（两次）cotto（烤）
原来是烤两次的意思啊！

注：biscotto 即意大利硬饼干。

饼干冷却就会变硬，这样就不好切了，所以趁着刚烤完还热的时候就可以切了，切完后记得要冷却。

食材索引

图书在版编目（CIP）数据

超简单意大利餐 / 日本主妇之友社编著；孙中荟译.
—北京：中国轻工业出版社，2019.11

  ISBN 978-7-5184-2574-7

Ⅰ.①超… Ⅱ.①日… ②孙… Ⅲ.①菜谱 – 意大利
Ⅳ.① TS972.185.46

中国版本图书馆 CIP 数据核字（2019）第 153037 号

责任编辑：王晓琛　　　　责任终审：劳国强　　整体设计：锋尚设计
策划编辑：龙志丹　高惠京　责任校对：李　靖　　责任监印：张京华

出版发行：中国轻工业出版社（北京东长安街6号，邮编：100740）

印　　刷：北京博海升彩色印刷有限公司

经　　销：各地新华书店

版　　次：2019年11月第1版第1次印刷

开　　本：720×1000　1/16　印张：9

字　　数：250千字

书　　号：ISBN 978-7-5184-2574-7　定价：49.80元

邮购电话：010-65241695

发行电话：010-85119835　传真：85113293

网　　址：http://www.chlip.com.cn

Email：club@chlip.com.cn

如发现图书残缺请与我社邮购联系调换

180593S1X101ZYW